学ぶ人は、
変えて
ゆく人だ。

目の前にある問題はもちろん、

人生の問いや、

社会の課題を自ら見つけ、

挑み続けるために、人は学ぶ。

「学び」で、

少しずつ世界は変えてゆける。

いつでも、どこでも、誰でも、

学ぶことができる世の中へ。

旺文社

JN047436

とってもやさしい

中3数学

これさえあれば

授業がわかる

三訂版

旺文社

は じ め に

　この本は，数学が苦手な人にとって「やさしく」数学の勉強ができるように作られた問題集です。

　中学校の数学を勉強していく中で，小学校の算数とくらべて数学が一気に難しくなった，急にわからなくなった，と感じている人がいるかもしれません。そういう人たちが基礎から勉強をしてみようと思ったときに手助けとなる問題集です。

　『とってもやさしい数学』シリーズでは，中学校で習う数学の公式の使いかたや計算のしかたを，シンプルにわかりやすく解説しています。1回の学習はたった2ページで，コンパクトにまとまっているので，無理なく自分のペースで学習を進めることができるようになっています。左ページの解説をよく読んで内容を理解したら，すぐに右ページの練習問題に取り組んで，解き方が身についたかを確認しましょう。解けなかった問題は，左ページや解答解説を読んで，わかるようになるまで解き直してみてください。

　また，各章の最後には「おさらい問題」も掲載しています。章の内容を理解できたかの力だめしや定期テスト対策にぜひ活用してください。

　この本を1冊終えたときに，みなさんが数学に対して少しでも苦手意識をなくし，「わかる！」「解ける！」ようになってくれたら，とてもうれしいです。みなさんのお役に立てることを願っています。

株式会社　旺文社

1章　式の計算

2章　平方根

3章　2次方程式

4章　関数 $y=ax^2$

5章　相似な図形

6章　円の性質

7章　三平方の定理

8章　標本調査

Web上でのスケジュール表について

下記にアクセスすると1週間の予定が立てられて、ふり返りもできるスケジュール表（PDFファイル形式）をダウンロードすることができます。ぜひ活用してください。

https://www.obunsha.co.jp/service/toteyasa/

本書の特長と使い方

1単元は2ページ構成です。左ページの解説を読んで理解したら，右ページの
練習問題に取り組みましょう。

◆左ページ

[5章] 相似な図形

35 三角形が相似になるには
三角形の相似条件

なぜ学ぶの?
2つの三角形の形が同じように見えるとき，相似であるための条件を学ぶことによって，本当に同じ形かどうかが確かめられるようになるんだ。

1 三角形の相似条件は3つ

2つの三角形は，次の場合に相似である。

これが大事! 相似条件①　3組の辺の比が，すべて等しいとき

例 AB:A´B´＝BC:B´C´＝CA:[ア]

これが大事! 相似条件②　2組の辺の比とその間の角が，それぞれ等しいとき

例 AB:A´B´＝BC:B´C´，∠B＝[イ]

確かめるのは，他の2辺とその間の角でもいいよね。たとえば，ABとA´B´，CAとC´A´，∠Aと∠A´でもOK！

これが大事! 相似条件③　2組の角が，それぞれ等しいとき

例 ∠B＝∠B´，∠C＝[ウ]

ゼッタイ! これだけ
●三角形の相似条件
①3組の辺の比が，すべて等しいとき
②2組の辺の比とその間の角が，それぞれ等しいとき
③2組の角が，それぞれ等しいとき

答え [ア]C´A´　[イ]B´　[ウ]∠C

84

何を学ぶかがすぐにわかるタイトルになっています。

なぜ学ぶの? 学ぶとどんなふうに役立つのか、どんなことができるようになるのかを具体的に説明しています。

これが大事! 解説の中でも特に大事なポイントには「これが大事」アイコンがついています。

◆右ページ

練習問題 →解答は別冊 p.17

① 下の⑦～⑦の三角形を相似な三角形の組に分けなさい。また，そのとき使った相似条件を答えなさい。

覚えられた！

① ⑦と（　　）相似条件:[　　　　　]
② ④と（　　）相似条件:[　　　　　]
③ ⑤と（　　）相似条件:[　　　　　]

② 右の図について，△ABCと相似な三角形を答えなさい。また，そのとき使った相似条件を答えなさい。

参考 三角形の合同条件
2年生で学んだ三角形の合同条件をもう一度確認し，相似条件との違いを理解しましょう。
①3組の辺が，それぞれ等しいとき
②2組の辺とその間の角が，それぞれ等しいとき
③1組の辺とその両端の角が，それぞれ等しいとき

85

ゼッタイ! これだけ 最低限覚えておくことを示しています。

練習問題で，左ページの解説を理解できたかどうかを確認します。

◆おさらい問題

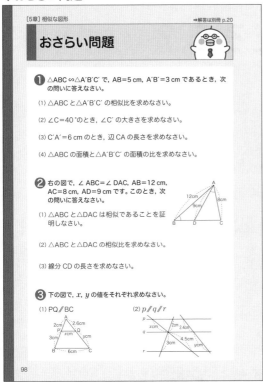

各章の最後には「おさらい問題」があります。問題を解くことで，章の内容を理解できているかどうかをしっかり確認できます。

◆問題の解答と解説

各単元の「練習問題」や各章の「おさらい問題」の解答と解説を切り離して確認できます。

スタッフ

執筆協力	佐藤寿之
編集協力	有限会社編集室ビーライン
校正・校閲	山下聡　吉川貴子 株式会社ぷれす
本文デザイン	TwoThree
カバーデザイン	及川真咲デザイン事務所（内津剛）
イラスト	福田真知子（熊アート）　高村あゆみ
組版	株式会社ユニックス

1 展開って何だろう？

多項式をふくむ乗除

なぜ学ぶの？

2年生で，単項式と多項式について学んだね。3年生ではさらに，**多項式どうしのかけ算やわり算**を学ぶことで，よりさまざまな数や図形の性質を式で表せるんだよ。一見難しそうだけれど，手順は変わらないよ。

1 「多項式×単項式」「多項式÷単項式」の計算は分配法則で！

これが大事！

（乗法）$(3a+2) \times 4a = 12a^2 + 8a$

分配法則 $a(b+c) = ab + ac$

（除法）$(8a^2 + 4a) \div 2a = 8a^2 \times \dfrac{1}{2a} + 4a \times \dfrac{1}{2a}$ ← 逆数をかける。

$\qquad = 4a + 2$

2 「多項式×多項式」の計算も分配法則で！

これが大事！ 積の形で書かれた式を計算して和の形で表すことを，**展開する**という。

$$(a+b)(c+d) = (a+b)M$$
$$= aM + bM$$
$$= a(c+d) + b(c+d)$$
$$= ac + ad + bc + bd$$

← $c+d=M$とする。

分配法則

Mを$c+d$にもどす。

分配法則

例 $(x-3)(y+5) = x(y+5) - 3(y+5)$

$= \boxed{}^{[ア]}$

> 文字が同じ項を同類項っていうんだよね。

3 同類項はまとめよう

これが大事！

$(y+3)(y-1) = y(y-1) + 3(y-1)$
$\qquad = y^2 - y + 3y - 3$
$\qquad = y^2 + 2y - 3$

同類項をまとめる。

例 $(2a+3b)(3a-2b) = 2a(3a-2b) + 3b(3a-2b)$

$= 6a^2 - 4ab + 9ab - 6b^2 = \boxed{}^{[イ]}$

ゼッタイ！これだけ

● $(a+b)(c+d)$の展開

$(a+b)(c+d) = ac + ad + bc + bd$

答え [ア] $xy + 5x - 3y - 15$
[イ] $6a^2 + 5ab - 6b^2$

練習問題 ➡解答は別冊 p.2

❶ 次の計算をしなさい。

(1) $a(2a+b)$

(2) $-5x(x-2y)$

(3) $(10a^2-15a)\div 5a$

(4) $(3xy-2y)\div\left(-\dfrac{y}{3}\right)$

❷ 次の計算をしなさい。

(1) $(a+2)(b+3)$

(2) $(x-1)(y+4)$

(3) $(a+b)(2a+b)$

(4) $(3x-4y)(2x-9y)$

がんばるぞ！

これも！プラス 符号には要注意！

式の計算では符号が重要です。慣れるまでは，
負の数にはかっこをつけて計算するとよいです。

例　$(5a-3b)(2c-d)$
$=5a(2c-d)-3b(2c-d)$
$=5a\times2c+5a\times(-d)-3b\times2c-3b\times(-d)$
$=10ac-5ad-6bc+3bd$

負の数　負の数にはかっこを つけよう！　シュッ

2 乗法の公式を覚えよう

乗法の公式

なぜ学ぶの？

毎回かっこを1つずつはずして展開していくのは大変だね。決まった形の式は，公式を使うとすぐに展開できるよ。**4つの乗法の公式**を覚えてしまおう。

┃ 乗法の公式は4つある！

これが大事!

乗法の公式
① $(x+a)(x+b)=x^2+(a+b)x+ab$
② $(x+a)^2=x^2+2ax+a^2$　　（和の平方）
③ $(x-a)^2=x^2-2ax+a^2$　　（差の平方）
④ $(x+a)(x-a)=x^2-a^2$　　（和と差の積）

実際に展開して確かめよう。

例 [乗法の公式①]　$(x+6)(x-3)=x^2+\{6+(-3)\}x+6\times(-3)$

$$= \boxed{^{[ア]}\qquad\qquad\qquad}$$

例 [乗法の公式②]　$(x+4)^2=x^2+2\times x\times 4+4^2$

$$= \boxed{^{[イ]}\qquad\qquad\qquad}$$

例 [乗法の公式③]　$(x-5)^2=x^2-2\times x\times 5+5^2$

$$= \boxed{^{[ウ]}\qquad\qquad\qquad}$$

公式を忘れていたら，分配法則を使って計算しよう。

例 [乗法の公式④]　$(x+6)(x-6)=x^2-6^2$

$$= \boxed{^{[エ]}\qquad\qquad\qquad}$$

答え [ア]$x^2+3x-18$
[イ]$x^2+8x+16$
[ウ]$x^2-10x+25$
[エ]x^2-36

4つの乗法の公式
① $(x+a)(x+b)=x^2+(a+b)x+ab$
② $(x+a)^2=x^2+2ax+a^2$
③ $(x-a)^2=x^2-2ax+a^2$
④ $(x+a)(x-a)=x^2-a^2$

練習問題 →解答は別冊 p.2

❶ 次の計算をしなさい。

(1) $(a+2)(a+5)$

(2) $(x+4)(x-7)$

(3) $(a-3)(a+2)$

(4) $\left(y-\dfrac{1}{2}\right)\left(y-\dfrac{3}{2}\right)$

❷ 次の計算をしなさい。

(1) $(a+1)^2$

(2) $(x+y)^2$

なんとなくわかれば OK。

(3) $(a-2)^2$

(4) $\left(m-\dfrac{1}{3}\right)^2$

❸ 次の計算をしなさい。

(1) $(a+2)(a-2)$

(2) $\left(y+\dfrac{2}{3}\right)\left(y-\dfrac{2}{3}\right)$

これも！ プラス $(x+a)(x+b)$ の展開では，計算ミスに注意！

$(x+a)(x+b)=x^2+\square x+\bigcirc$ で，□と○を
逆にしないように気をつけましょう。

　　$\square=a+b$ (和)，$\bigcirc=ab$ (積)

わからなくなったら，分配法則を使って展開して
確かめましょう。

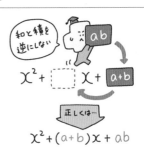

式の計算

平方根

2次方程式

関数 $y=ax^2$

相似な図形

円の性質

三平方の定理

標本調査

3 くふうして展開しよう

乗法の公式の利用

なぜ学ぶの?

複雑そうに見える式の展開も，**式の見方をくふうする**ことで，乗法の公式を活用して展開できるよ。

1 $(ax+by)^2$の展開では，ax, byを1つの文字と考える

これが大事!

$(3x+5y)^2$ の展開は，$3x=A$, $5y=B$ と考えると，

$(3x+5y)^2=(A+B)^2$

$\qquad\qquad =A^2+2AB+B^2$ ← 乗法の公式②

$\qquad\qquad =(3x)^2+2\times 3x\times 5y+(5y)^2$ ← Aを$3x$, Bを$5y$にもどす。

$\qquad\qquad =9x^2+30xy+25y^2$

例 $(-3x+8y)(-3x-8y)$ の展開

$-3x=A$, $8y=B$ と考えると，

$(-3x+8y)(-3x-8y)=(A+B)(A-B)$

$\qquad\qquad\qquad\qquad\quad =$ [ア]　← 乗法の公式④

$\qquad\qquad\qquad\qquad\quad =(-3x)^2-(8y)^2$

$\qquad\qquad\qquad\qquad\quad =$ [イ]

どうすれば乗法の公式が使えるか考えよう。

2 $(x+y+5)(x+y-5)$ の展開

これが大事!

$x+y=A$ とおく。

$(x+y+5)(x+y-5)=(A+5)(A-5)$ ← 乗法の公式④

$\qquad\qquad\qquad\qquad =A^2-5^2$

$\qquad\qquad\qquad\qquad =(x+y)^2-25$ ← Aを$x+y$にもどす。

$\qquad\qquad\qquad\qquad =x^2+2xy+y^2-25$

例 $(2x+3y)^2-(x+3y)(x-3y)$

$=(A+B)^2-(x+B)(x-B)$ ← $2x=A$, $3y=B$とする。

$=A^2+2AB+B^2-x^2+B^2$

$=A^2+2AB+2B^2-x^2$ ← A, Bをもとにもどす。

$=4x^2+12xy+18y^2-x^2$ ← 同類項をまとめる。

$=$ [ウ]

答え [ア] A^2-B^2

[イ] $9x^2-64y^2$

[ウ] $3x^2+12xy+18y^2$

ゼッタイ これだけ 複雑な式の展開は，1つの文字で置きかえられるところを探す！

練習問題 →解答は別冊 p.3

❶ 次の計算をしなさい。

(1) $(6x+5)(6x+2)$

(2) $(8x-3y)(8x+7y)$

(3) $(10x+1)^2$

(4) $(a-2b)^2$

(5) $\left(x+\dfrac{1}{2}y\right)\left(x-\dfrac{1}{2}y\right)$

❷ 次の計算をしなさい。

(1) $(x+y-3)^2$

(2) $(x-y+2)(x-y+6)$

もうやりたくないな〜

(3) $(a-b+5)(a+b-5)$

どうしても解けない場合は
乗法の公式へGO! **p.10**

これも! プラス かっこがたくさんあってもあわてない！

$(x-3)(x+3)-(x+5)(x-6)$ を展開してみましょう。

$\quad (x-3)(x+3)-(x+5)(x-6)$
$= (x^2-3^2)-(x^2-x-30)$

　　　↑　　　　　↑
　乗法の公式④　乗法の公式①

$= x^2-9-x^2+x+30$
$= x+21$

4つの乗法の公式を
フル活用しよう！

答えを導き たまえ！

式の計算

平方根

2次方程式

関数 $y=ax^2$

相似な図形

円の性質

三平方の定理

標本調査

4 因数分解って何だろう？
因数分解の基本

なぜ学ぶの？

ここまで，多項式の積を展開することを学んだけれど，今度はその逆，**多項式をいくつかの式の積に表す**ことを考えるよ。積の形にすると，式がシンプルになるよ。

1 因数分解とは？

$x^2+4x=x(x+4)$ のように，x^2+4x は積の形に表せる。このとき，x と $x+4$ を x^2+4x の**因数**という。多項式をいくつかの因数の積の形に表すことを，その多項式を**因数分解する**という。

これが大事！

展開と因数分解

$$x^2+4x \quad \xleftarrow[\text{展　開}]{\text{因数分解}} \quad x(x+4) \qquad x,\ x+4\ \text{は}\ x^2+4x\text{の因数}$$

2 分配法則を使って因数分解する

これが大事！

分配法則を利用して**共通な因数をかっこの外にくくり出す**と，因数分解できる。

$$Ma+Mb=M(a+b)$$ ← 共通因数Mをくくり出す。

$$ax+ay = a\times x+a\times y$$
$$= a(x+y)$$ 共通因数aをくくり出す。

$$2x^2-4xy = 2x\times x-2x\times 2y$$
$$= 2x(x-2y)$$ 共通因数2xをくくり出す。

> かっこの中に共通な因数が残らないように，最後まで因数分解しよう。

例 [1] $mx+my-mz = m\times x+m\times y-m\times z$
$$= \boxed{}^{[ア]}$$

[2] $8x^2y+4x = \boxed{}^{[イ]}$

ゼッタイ！これだけ

因数分解
共通な因数があれば，かっこの外にくくり出す。

答え [ア] $m(x+y-z)$ 　[イ] $4x(2xy+1)$

練習問題 →解答は別冊 p.3

① 次の式を因数分解しなさい。

(1) $4x+4y$

(2) $mx-my$

(3) $3ax+6ay$

(4) $2x^2-4x$

(5) $4ax^2-6ax$

つかれた……もうダメ……。

② 次の式を因数分解しなさい。

(1) $mx-my+mz$

(2) $2ax-6ay+4az$

(3) $12a^2+8ab-4az$

これも！プラス **共通因数はくくり出せ！**

$ac-ad+bc-bd$ の因数分解は，共通因数に注目して，次のように行います。

$$ac-ad+bc-bd$$
$$=a(c-d)+b(c-d) \quad a, b をくくり出す。$$
$$=aM+bM \quad c-d=M とする。$$
$$=(a+b)M \quad M をくくり出す。$$
$$=(a+b)(c-d) \quad M を c-d にもどす。$$

共通因数を探そう！

あった！

c-d

c-d

5 $(x+a)(x+b)$ の形に因数分解しよう

乗法の公式①の利用

なぜ学ぶの？

乗法の公式① $(x+a)(x+b)=x^2+(a+b)x+ab$ は覚えているかな？　ここでは，これを逆に見た**因数分解**について考えよう。$(x+a)(x+b)$ の形は，x の値を求めるときに便利なんだよ。

1 $x^2+(a+b)x+ab=(x+a)(x+b)$ の因数分解

これが大事！

因数分解の公式①

$$x^2+(a+b)x+ab \underset{\text{展 開}}{\overset{\text{因数分解}}{\longleftrightarrow}} (x+a)(x+b)$$

x^2+6x+8

$x^2+(a+b)x+ab$

積:+8	和:+6	
1 と 8	9	×
−1と−8	−9	×
2 と 4	6	○
−2と−4	−6	×

①積が＋8，和が＋6となる2数を見つける。
②表より，2数は，2と4だから，
　$x^2+6x+8=(x+2)(x+4)$

2つの条件を満たす数の組を見つけるんだね。

$x^2-10x+21$

積:21	和:−10	
1 と 21	22	×
−1と−21	−22	×
3 と 7	10	×
−3と−7	−10	○

①積が21，和が−10となる2数を見つける。
②表より，2数は−3と−7だから，
　$x^2-10x+21=(x-3)(x-7)$

$x^2-5x-14$

積:−14	和:−5	
−1と 14	13	×
1と−14	−13	×
−2と 7	5	×
2と−7	− 5	○

①積が $\boxed{}^{[ア]}$, 和が $\boxed{}^{[イ]}$ となる

　2数を見つける。

②表より，2数は，$\boxed{}^{[ウ]}$ と $\boxed{}^{[エ]}$

　だから，
　$x^2-5x-14=\left(x\boxed{}^{[オ]}\right)\left(x\boxed{}^{[カ]}\right)$

答え [ア]−14 [イ]−5
[ウ]2 [エ]−7
[オ]＋2 [カ]−7)
（[ウ]と[エ]，[オ]と[カ]は順不同）

因数分解の公式①

これだけ

① $x^2+(a+b)x+ab=(x+a)(x+b)$ ← 積がabとなる2数を先に考える。

練習問題 →解答は別冊 p.3

① 次の式を因数分解しなさい。

(1) x^2+5x+4

積:4	和:5
1と 4	
−1と−4	
2と 2	
−2と−2	

(2) $x^2+7x+10$

慣れないうちは,
表にかいて考えよう。

(3) x^2-8x+7

(4) $x^2-8x+12$

(5) x^2-5x-6

どうしても解けない場合は
乗法の公式へGO! p.10

**これも!
プラス** 係数が分数でも因数分解はＯＫ！

係数が分数のときは, 先に分数をかっこの外に出すと考えやすいです。

例 $\dfrac{1}{49}x^2-\dfrac{1}{7}x+\dfrac{6}{49}$ ⟩ 分数をかっこの外に出す。

$= \dfrac{1}{49}\,(x^2-7x+6)$ ⟩ 積が6, 和が−7となる2数を見つける。

$= \dfrac{1}{49}\,(x-1)(x-6)$

'分数がじゃま?

ヨシ!
ひきはなそう

式の計算

平方根

2次方程式

関数 $y=ax^2$

相似な図形

円の性質

三平方の定理

標本調査

6 $(x+a)^2$, $(x-a)^2$ の形に因数分解しよう

乗法の公式②・③の利用

なぜ学ぶの？

乗法の公式② $(x+a)^2=x^2+2ax+a^2$ と**乗法の公式③** $(x-a)^2=x^2-2ax+a^2$ を逆に見ると，$(x+a)^2$，$(x-a)^2$ の形に因数分解できるよね。この因数分解ができると，式の整理に役立つよ。

1 $x^2+2ax+a^2=(x+a)^2$, $x^2-2ax+a^2=(x-a)^2$ の因数分解

これが大事！

因数分解の公式②・③

② $x^2+2ax+a^2 \xrightarrow[\text{展 開}]{\text{因数分解}} (x+a)^2$　　③ $x^2-2ax+a^2 \xrightarrow[\text{展 開}]{\text{因数分解}} (x-a)^2$

上の公式を使って因数分解しよう。

$x^2+6x+9=(x+3)^2$ ← 公式②

（$2×x×3$）　（3^2）

$x^2-10x+25=(x-5)^2$ ← 公式③

（$2×x×5$）　（5^2）

数字だけの項が $□^2$ の形になっていたら，公式②③が使えるかもしれないよ。

例 次の式を因数分解しましょう。

[1] $x^2+8x+16=$ ［ア］

[2] $x^2-20x+100=$ ［イ］

2 2次の項に係数があっても同じように考える。

$4x^2+12xy+9y^2$
$=(2x)^2+2×2x×3y+(3y)^2$
$=A^2+2AB+B^2$
$=(A+B)^2$
$=(2x+3y)^2$

$2x=A$, $3y=B$と考えて，$(A+B)^2$の形にする。

ゼッタイ！これだけ

因数分解の公式②・③
② $x^2+2ax+a^2=(x+a)^2$
③ $x^2-2ax+a^2=(x-a)^2$

答え ［ア］$(x+4)^2$　［イ］$(x-10)^2$

練習問題 →解答は別冊 p.4

❶ 次の式を因数分解しなさい。

(1) x^2+4x+4

(2) $x^2+12x+36$

(3) $x^2-8x+16$

(4) $x^2-14x+49$

❷ 次の式を因数分解しなさい。

(1) $x^2+16xy+64y^2$

(2) $4x^2-36xy+81y^2$

(3) $x^2+\dfrac{2}{5}xy+\dfrac{1}{25}y^2$

なるほどなるほど～。

どうしても解けない場合は
乗法の公式へGO! p.10

これも！プラス 乗法の公式②と乗法の公式③は同じもの

乗法の公式②　$x^2+12x+36=(x+6)^2$

　　　　　$2\times x\times (+6)$　　$(+6)^2$

乗法の公式③　$x^2-12x+36=\{x+(-6)\}^2=(x-6)^2$

　　　　　$2\times x\times (-6)$　　$(-6)^2$

$x^2-2ax+a^2=\{x+(-a)\}^2$ なので,
a の値が正の場合→乗法の公式③
a の値が負の場合→乗法の公式②　　の関係になります。

a が正(表)なら　公式3
a が負(裏)なら　公式2
ここ
さぁ
どっちかな…

式の計算

平方根

2次方程式

関数$y=ax^2$

相似な図形

円の性質

三平方の定理

標本調査

7 $(x+a)(x-a)$ の形に因数分解しよう

乗法の公式④の利用

なぜ学ぶの?

乗法の公式④ $(x+a)(x-a)=x^2-a^2$ は覚えているよね。ここでは，これを逆に見た因数分解について学ぶよ。公式①〜③よりも見つけやすいよね。

1 $x^2-a^2=(x+a)(x-a)$ の因数分解

これが大事!

因数分解の公式④

$$x^2-a^2 \quad \overset{\text{因数分解}}{\underset{\text{展開}}{\rightleftarrows}} \quad (x+a)(x-a)$$

○²−□²の形になっているかをチェックして因数分解しよう。

上の公式を使って因数分解してみよう。

y^2-z^2
$=(y+z)(y-z)$ 公式④

$4x^2-9y^2$
$=(2x)^2-(3y)^2$ （ ）²−（ ）²の形に変形。
$=(2x+3y)(2x-3y)$ 公式④

例 [1] $x^2-36=$ [ア]

[2] $9x^2-16y^2=(3x)^2-(4y)^2$
$=$ [イ]

[3] $25x^2-4y^2=(5x)^2-$ [ウ]
$=$ [エ]

[4] $\dfrac{1}{4}x^2-36y^2=$ [オ] $-(6y)^2$
$=$ [カ]

答え [ア] $(x+6)(x-6)$
[イ] $(3x+4y)(3x-4y)$
[ウ] $(2y)^2$
[エ] $(5x+2y)(5x-2y)$
[オ] $\left(\dfrac{1}{2}x\right)^2$
[カ] $\left(\dfrac{1}{2}x+6y\right)\left(\dfrac{1}{2}x-6y\right)$

ゼッタイ! これだけ

因数分解の公式④
④ $x^2-a^2=(x+a)(x-a)$

練習問題 → 解答は別冊 p.4

❶ 次の式を因数分解しなさい。

(1) $x^2 - 1$

(2) $x^2 - y^2$

(3) $16y^2 - 9$

(4) $x^2 - \dfrac{1}{9}$

❷ 次の式を因数分解しなさい。

(1) $a^2 - 4b^2$

(2) $36x^2 - 49y^2$

3分だけ寝よっと。

(3) $-a^2 + 16b^2$

(4) $\dfrac{a^2}{4} - \dfrac{b^2}{9}$

> どうしても解けない場合は
> 乗法の公式へGO! p.10

これも！プラス ## $4x^2 - 16y^2$ の因数分解は？

$4x^2 - 16y^2$ の因数分解をしてみましょう。

$4x^2 - 16y^2 = 4(x^2 - 4y^2)$ ←共通因数 4 でくくる。
$= 4(x+2y)(x-2y)$

共通因数は先にくくり出しておきましょう。
忘れると，下のようにまちがえてしまいます。

$\times \quad 4x^2 - 16y^2 = (2x)^2 - (4y)^2$
$= (2x+4y)(2x-4y)$

共通因数 🐟 を先に
つかまえる！

a x² - a y²

8 上手に因数分解しよう
いろいろな因数分解

なぜ学ぶの？

ここまで学んだ因数分解のしかたはマスターできたかな？　次は，いろいろなパターンが組み合わさった因数分解にチャレンジしよう。より複雑な式を因数分解できるようになるよ。

1 共通因数があったら先にくくり出す

これが大事！

$5mx^2-5m$
$=5m(x^2-1)$ 　　共通因数$5m$をくくり出す。
$=5m(x+1)(x-1)$ 　　$5m(x+a)(x-a)$の形に因数分解。

$ma^2+2mab+mb^2$
$=m(a^2+2ab+b^2)$ 　　共通因数mをくくり出す。
$=m(a+b)^2$ 　　$m(x+a)^2$の形に因数分解。

共通因数をくくり出したら，因数分解のどの公式が使えるか考えよう。

例 $2x^2+16x+30$

$=\boxed{}(x^2+8x+15)$ 　　共通因数をくくり出す。

$=\boxed{}$

2 同じ式があったら，1文字に置きかえる

これが大事！

$(x+1)y-(x+1)$ 　　共通の式$x+1$をMとする。
$=My-M$ 　　Mをくくり出す。
$=M(y-1)$ 　　Mを$x+1$にもどす。
$=(x+1)(y-1)$

例 $(a-b)^2-3(a-b)+2$
$=M^2-3M+2$ 　　$a-b$をMとする。

$=\boxed{}$ 　　因数分解

$=\boxed{}$ 　　Mを$a-b$にもどす。

答え [ア] 2　[イ] $2(x+3)(x+5)$
　　 [ウ] $(M-1)(M-2)$
　　 [エ] $(a-b-1)(a-b-2)$

ゼッタイ！これだけ

●共通因数があったら先にくくり出す。
●同じ式があったら1文字に置きかえる。

練習問題 →解答は別冊 p.4

1 次の式を因数分解しなさい。

(1) $50x^2 - 2y^2$

(2) $-ax^2 + 9ay^2$

(3) $2x^2 + 20x + 50$

(4) $3x^2 - 48x + 192$

(5) $ax^2 + ax - 30a$

また忘れた，
なんだっけ？

2 次の式を因数分解しなさい。

(1) $(x-y)^2 + 6(x-y) + 9$

(2) $a^2 - 2ab + b^2 + 5(a-b) + 4$

どうしても解けない場合は
乗法の公式へGO！　p.10

これも！プラス　どの公式を使えばいい？

式を見て，因数分解のどの公式を使えばよいか，わかるようになりましょう。
下の4つの式は似ていますが，因数分解の結果は異なります。

(1) $x^2 - 4 = (x+2)(x-2)$
(2) $x^2 + 4x + 4 = (x+2)^2$
(3) $x^2 - 4x + 4 = (x-2)^2$
(4) $x^2 + 5x + 4 = (x+1)(x+4)$

4つの公式を
使いこなそう

式

どれ使って
倒す…？

式の計算

平方根

2次方程式

関数 $y=ax^2$

相似な図形

円の性質

三平方の定理

標本調査

9 展開，因数分解を活用しよう

展開・因数分解の利用

なぜ学ぶの？ 乗法の公式や因数分解を使うと，めんどうな計算が暗算で出せるくらい簡単になったりするよ。どんなふうに使うのか見てみよう。

1 数の計算

これが大事！ 乗法の公式や，因数分解を利用すると，**数の計算が簡単になる**場合がある。

$$99^2 = (100-1)^2$$
←$(x-a)^2$の形に変形。
乗法の公式③ $(x-a)^2 = x^2 - 2ax + a^2$ を利用。
$$= 100^2 - 2 \times 100 \times 1 + 1^2$$
$$= 10000 - 200 + 1$$
$$= 9801$$

例 $61^2 - 60^2$

$$= \left(61 + \boxed{}^{[ア]}\right) \times \left(61 - \boxed{}^{[イ]}\right)$$
$x^2 - a^2 = (x+a)(x-a)$ を利用。
$$= 121 \times 1$$
$$= \boxed{}^{[ウ]}$$

2 数の性質の証明

これが大事！ 展開や因数分解を使って，**数の性質を調べる**ことができる。

「2, 3, 4 のような連続する 3 つの整数では，その中央の数の 2 乗から 1 をひいた数は，残りの 2 数の積に等しくなる。」
このことを，文字を使って証明しよう。

[証明] 3 つの連続する整数のうち，中央の数を n とすると，3 つの整数は，$n-1$, n, $n+1$ と表せる。中央の数 n の 2 乗から 1 をひくと，
$$n^2 - 1 = (n+1)(n-1)$$
右辺は，残りの 2 数の積を表している。
したがって，連続する 3 つの整数では，その中央の数の 2 乗から 1 をひいた数は，残りの 2 数の積に等しくなる。

> 展開や因数分解を使っての計算が簡単になるんだよ。

> **ゼッタイ！これだけ** 数の計算も，乗法の公式や因数分解を使ってくふうする。

答え [ア] 60 [イ] 60 [ウ] 121

練習問題 →解答は別冊 p.5

❶ 乗法の公式や因数分解を利用して，次の計算をしなさい。
途中の計算も書きなさい。

(1) 199^2

(2) 301×299

(3) $151^2 - 150^2$

できた〜！

❷ 右の図のような2つの正方形にはさまれた道があります。道の端から端までの長さは pm です。この道の面積を Sm²，道の真ん中を通る線の長さを ℓm とするとき，次の問いに答えなさい。

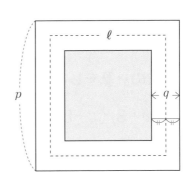

(1) ℓ を p, q で表しなさい。

(2) $S = q\ell$ となることを，色つきの部分の面積を考慮して証明しなさい。

これも！プラス **数式の見方が大切！**

たとえば，下の計算の場合，一見，くふうするところがないと感じるかもしれません。

4.3×5.7

でも，よく見ると，$4.3 = 5 - 0.7$，$5.7 = 5 + 0.7$ ですね。

$4.3 \times 5.7 = (5 - 0.7) \times (5 + 0.7)$
$= 5^2 - 0.7^2 = 24.51$

と計算することができます。

…！
くふうできる！

式の計算

平方根

2次方程式

関数 $y = ax^2$

相似な図形

円の性質

三平方の定理

標本調査

おさらい問題

1 次の計算をしなさい。

(1) $-2a(2a-3b)$

(2) $(8x^2y-6xy^2)\div 2xy$

(3) $(2a+3)(a-2)$

2 次の計算をしなさい。

(1) $(x+3)(x-8)$

(2) $(a-6)(a-4)$

(3) $(x+3a)^2$

(4) $\left(x-\dfrac{1}{7}\right)^2$

(5) $(4x+3)(4x-3)$

3 次の計算をしなさい。

(1) $(x+6)(x-6)+(x+3)(x+12)$

(2) $(a-4)^2-(a-8)(a-2)$

❹ 次の式を因数分解しなさい。

(1) $x^2y - xy^2$

(2) $x^2 - \dfrac{4}{81}$

(3) $a^2 + 16a + 64$

(4) $x^2 - 14xy + 49y^2$

(5) $a^2 - 2a - 35$

(6) $x^2 - 11x + 24$

(7) $2ay^2 + 10ay - 28a$

(8) $(a-b)^2 - 4(a-b) + 4$

(9) $a^2(x+y) - b^2(x+y)$

❺ 乗法の公式や因数分解を利用して，次の計算をしなさい。

(1) $2.8^2 - 1.8^2$

(2) 84×76

10 平方根って何だろう？

平方根の意味

なぜ学ぶの？

1, 2, 3, …の自然数から，分数，小数，負の数と数の世界を広げてきたけれど，ここでは，$\sqrt{}$ を使った新しい数が登場するよ。最初はとっつきにくいかもしれないけど，$\sqrt{}$ を使うと，わりきれない数を表すときに便利なんだよ。

1 平方根とは？

 これが大事！　2乗して a になる数を a の**平方根**という。

たとえば，9の平方根は，2乗して9になる数だから，3と−3。
2の平方根は，
　　±1.41421356……と，どこまでも続く小数になる。
このような数を簡単に表すため，**根号の記号** $\sqrt{}$ を用いる。

・2の平方根は，$\begin{cases} \sqrt{2}\,(ルート2) \\ -\sqrt{2}\,(マイナスルート2) \end{cases}$

正の数 a の平方根は，記号 $\sqrt{}$ を使って，
正のほうを $\sqrt{a}$，負のほうを $-\sqrt{a}$ と表す。

> $\sqrt{2}$，$-\sqrt{2}$ をまとめて，$\pm\sqrt{2}$（プラスマイナスルート2）と書くこともあるよ。

例　16の平方根は，2乗して16になる数だから，

[ア] と [イ]

例　7の平方根は，2乗して7になる数だから，

[ウ] と [エ]

2 平方根は基本的に2個セット！

 これが大事！
①正の数 a の平方根は，**正の数と負の数の2つ**があり，それらの絶対値は等しい。
②**0の平方根は0のみ**（1個）。
③2乗して負になる数はないので，**負の数の平方根は考えない**。

 ゼッタイ！これだけ
●正の数 a の平方根は，正の数 $\sqrt{a}$ と負の数 $-\sqrt{a}$ の2つ。
●0の平方根は，0のみ（1個）。

答え [ア]−4 [イ]4 [ウ]$-\sqrt{7}$ [エ]$\sqrt{7}$
（[ア]と[イ]，[ウ]と[エ]は順不同）

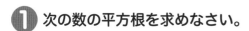
練習問題 →解答は別冊 p.6

❶ 次の数の平方根を求めなさい。

(1) 1

(2) 25

(3) 3

(4) $\dfrac{1}{100}$

(5) $\dfrac{7}{15}$

(6) 0.81

次は 100 点だから。

❷ 次の数を，√ を使わずに表しなさい。

(1) $\sqrt{16}$

(2) $-\sqrt{49}$

(3) $\sqrt{\dfrac{25}{36}}$

(4) $-\sqrt{\dfrac{64}{81}}$

 これも！プラス 2乗した数は正の数？

0以外の数を2乗すると，すべて正の数になります。

・$a>0$ のとき，$\sqrt{a^2}=a$　例　$\sqrt{3^2}=3$
・$(-\sqrt{a})^2=a$　例　$(-\sqrt{3})^2=3$

式の計算

平方根

2次方程式

関数$y=ax^2$

相似な図形

円の性質

三平方の定理

標本調査

11 平方根, どちらが大きい？

平方根の大小

なぜ学ぶの？

1年生で負の数を学んでから, 数の大小のバリエーションが広がったよね。ここではさらに, **平方根もふくめた数の大小を考える**ことで, $\sqrt{}$ で表している数の大小をイメージできるようになるよ。

1 $\sqrt{2}$と$\sqrt{3}$は, どちらが大きい？

これが大事！

平方根の大小

正の数 a, b について, $a < b$ ならば $\sqrt{a} < \sqrt{b}$

整数は, $\sqrt{}$ のついた数に書きなおして比べてみよう。

・正の数どうしでは, **絶対値が大きい数ほど大きい。**

$\sqrt{2}$と$\sqrt{3}$の大小：$2 < 3$ だから, $\sqrt{2} < \sqrt{3}$

3と$\sqrt{8}$の大小：$3 = \sqrt{9}$で, $9 > 8$ だから, $\sqrt{9} > \sqrt{8}$

よって, $3 > \sqrt{8}$

・負の数どうしでは, **絶対値が大きい数ほど小さい。**

$-\sqrt{6}$と$-\sqrt{5}$の大小：$6 > 5$ だから, $\sqrt{6} > \sqrt{5}$

よって, $-\sqrt{6} < -\sqrt{5}$

例 [1] $\sqrt{5}$と$\sqrt{7}$の大小：$5 < 7$ だから, $\sqrt{5}$ □[ア] $\sqrt{7}$

[2] 4と$\sqrt{15}$の大小：$4 = \sqrt{16}$で, $16 > 15$ だから, 4 □[イ] $\sqrt{15}$

[3] -5と$-\sqrt{5}$の大小：$-5 = -\sqrt{25}$で, $\sqrt{25} > \sqrt{5}$だから,

$-\sqrt{25} < -\sqrt{5}$ よって, -5 □[ウ] $-\sqrt{5}$

2 平方根の近似値

$\sqrt{3}$の大きさを調べてみよう。

1.73^2 を計算すると, 2.9929, 1.74^2 を計算すると, 3.0276

3 はこの 2 数の間にある。

したがって, $1.73 < \sqrt{3} < 1.74$

これが大事！ 1.73 は$\sqrt{3}$により近い値なので, $\sqrt{3}$の<ruby>近似値<rt>きんじち</rt></ruby>という。

ゼッタイ！これだけ

正の数 a, b について, $a < b$ ならば, $\sqrt{a} < \sqrt{b}$

答え [ア] ＜ [イ] ＞ [ウ] ＜

練習問題 ➡解答は別冊 p.6

式の計算

平方根

2次方程式

関数 $y=ax^2$

相似な図形

円の性質

三平方の定理

標本調査

① 次の各組の数の大小を，不等号を使って表しなさい。

(1) $\sqrt{11}$, $\sqrt{13}$

(2) $-\sqrt{3}$, $-\sqrt{5}$

(3) 7, $\sqrt{47}$

(4) $-\sqrt{10}$, -3

(5) 0.8, $\sqrt{0.6}$

(6) $-\sqrt{\dfrac{1}{3}}$, $-\sqrt{\dfrac{1}{2}}$

② $2.63^2 = 6.9169$, $2.64^2 = 6.9696$, $2.65^2 = 7.0225$
であるとき，$\sqrt{7}$ の小数第 2 位の数を求めなさい。

いまやるしかないか…。

これも！プラス $\sqrt{2}$, $\sqrt{3}$, $\sqrt{5}$, $\sqrt{6}$ の近似値

いくつかの平方根の近似値は，ゴロで覚えることができます。

$\sqrt{2}$……1.41421356　（一夜一夜に人見頃）

$\sqrt{3}$……1.7320508　（人並みにおごれや）

$\sqrt{5}$……2.2360679　（富士山麓オウム鳴く）

$\sqrt{6}$……2.449489　（煮よ　よく弱く）

知っていると，だいたいの大きさを知るのに便利です。

12 √ のついた数の乗法と除法

√ をふくむ式の乗除

なぜ学ぶの？

根号 (√) をふくむ式は，どのように計算すればいいのだろう。加法・減法・乗法・除法のどれもできるけれど，きまりがあるんだ。まずは**乗法・除法**から始めよう。√ の少ない形にできるよ。

1 √ をふくむ数の乗法

これが大事！ $\sqrt{a} \times \sqrt{b} = \sqrt{ab}$ （$a>0, b>0$）

$\sqrt{3} \times \sqrt{5} = \sqrt{3 \times 5} = \sqrt{15}$
$(-\sqrt{5}) \times \sqrt{7} = -\sqrt{35}$

例 [1] $\sqrt{2} \times \sqrt{8} = \sqrt{2 \times 8} = \sqrt{16} = $ [ア]

[2] $\sqrt{54} \times \sqrt{\dfrac{6}{9}} = \sqrt{54 \times \dfrac{6}{9}} = \sqrt{6 \times 6}$

$= $ [イ]

> かけ算・わり算は1つの√ にまとめられる。

$\sqrt{2} \times \sqrt{3} = \sqrt{2 \times 3}$ である理由
$\sqrt{2} \times \sqrt{3}$ を2乗すると，
$(\sqrt{2} \times \sqrt{3})^2$
$= (\sqrt{2} \times \sqrt{3}) \times (\sqrt{2} \times \sqrt{3})$
$= \sqrt{2} \times \sqrt{3} \times \sqrt{2} \times \sqrt{3}$
$= 2 \times 3$
この式から，$\sqrt{2} \times \sqrt{3}$ は，2×3 の平方根のうち正のほう，つまり，$\sqrt{2 \times 3}$ に等しいことがわかる。

2 √ をふくむ数の除法

これが大事！ $\sqrt{a} \div \sqrt{b} = \sqrt{\dfrac{a}{b}}$ （$a>0, b>0$）

$\sqrt{3} \div \sqrt{5} = \sqrt{\dfrac{3}{5}}$

$-\sqrt{21} \div \sqrt{7} = -\sqrt{\dfrac{21}{7}} = -\sqrt{3}$

例 [1] $\sqrt{6} \div \sqrt{5} = $ [ウ]

[2] $\sqrt{65} \div (-\sqrt{13})$

$= -\dfrac{\sqrt{65}}{\sqrt{13}} = -\sqrt{\dfrac{65}{13}} = $ [エ]

$\sqrt{2} \div \sqrt{3} = \sqrt{\dfrac{2}{3}}$ である理由
$\sqrt{\dfrac{2}{3}}$ を2乗すると，
$\left(\sqrt{\dfrac{2}{3}}\right)^2 = \sqrt{\dfrac{2}{3}} \times \sqrt{\dfrac{2}{3}}$
$= \dfrac{(\sqrt{2})^2}{(\sqrt{3})^2} = \dfrac{2}{3}$
この式から，$\sqrt{2} \div \sqrt{3}$ は，$\dfrac{2}{3}$ の平方根のうち正のほう，つまり，$\sqrt{\dfrac{2}{3}}$ に等しいことがわかる。

答え [ア] 4 [イ] 6 [ウ] $\sqrt{\dfrac{6}{5}}$
[エ] $-\sqrt{5}$

ゼッタイ！これだけ $\sqrt{a} \times \sqrt{b} = \sqrt{ab}, \sqrt{a} \div \sqrt{b} = \sqrt{\dfrac{a}{b}}$ （$a>0, b>0$）

練習問題 →解答は別冊 p.7

① 次の計算をしなさい。

(1) $\sqrt{2} \times \sqrt{5}$

(2) $\sqrt{3} \times \sqrt{7}$

(3) $\sqrt{5} \times (-\sqrt{7})$

(4) $(-\sqrt{3}) \times \sqrt{8}$

(5) $(-\sqrt{6}) \times (-\sqrt{7})$

(6) $\sqrt{3} \times \sqrt{12}$

(7) $\sqrt{2} \times (-\sqrt{8})$

(8) $\sqrt{5} \times (-\sqrt{20})$

うん,
そこそこわかる。

② 次の計算をしなさい。

(1) $\sqrt{10} \div \sqrt{2}$

(2) $\sqrt{24} \div \sqrt{8}$

(3) $\sqrt{21} \div \sqrt{3}$

(4) $\sqrt{66} \div \sqrt{6}$

(5) $\sqrt{12} \div \sqrt{3}$

(6) $\sqrt{50} \div \sqrt{2}$

(7) $(-\sqrt{28}) \div \sqrt{7}$

(8) $(-\sqrt{98}) \div (-\sqrt{2})$

これも！プラス **計算結果に注意！**

計算した結果が整数になおせないか, 確認しましょう。

たとえば, $\sqrt{10} \times \sqrt{90}$ は, $\sqrt{10} \times \sqrt{90} = \sqrt{10 \times 90} = \sqrt{900}$
で終わらせてはいけません。

$\sqrt{900}$ は 900 の正の平方根だから,
$\sqrt{900} = \sqrt{30^2} = 30$ が答えになります。

チェックしてみよう！

式の計算

平方根

2次方程式

関数 $y = ax^2$

相似な図形

円の性質

三平方の定理

標本調査

√ のついた数を変形しよう

√ のついた数の変形

なぜ学ぶの?

ここでは，$\sqrt{a^2 b}$ を $a\sqrt{b}$ にしたり，その**逆の変形**をしたりするよ。この変形ができるようになると，このあとの計算に役立つよ。

1 $\sqrt{a}$ の形に変形する

これが大事!

$2 \times \sqrt{5}$ や $\sqrt{5} \times 2$ のような積は，記号 × を省いて，$2\sqrt{5}$ と書く。$2\sqrt{5}$ は，
$$2\sqrt{5} = 2 \times \sqrt{5} = \sqrt{4} \times \sqrt{5} = \sqrt{4 \times 5} = \sqrt{20}$$
となり，$\sqrt{a}$ の形に変形できる。**分数の形も同様に変形できる。**

$$\frac{\sqrt{28}}{2} = \frac{\sqrt{28}}{\sqrt{4}} = \sqrt{\frac{28}{4}} = \sqrt{7}$$

例 次の数を $\sqrt{a}$ の形に変形しましょう。

[1] $3\sqrt{5} = \sqrt{9} \times \sqrt{5} = \sqrt{9 \times 5} = $ ^[ア]

[2] $-\sqrt{6} \times 5 = -\sqrt{6} \times \sqrt{25} = -\sqrt{6 \times 25} = $ ^[イ]

2 $a\sqrt{b}$ の形に変形する

これが大事!

1 とは逆に，
$$\sqrt{20} = \sqrt{4 \times 5} = \sqrt{4} \times \sqrt{5} = 2\sqrt{5}$$
のように，根号の中を簡単な数にすることができる。

$\sqrt{A}$ を $a\sqrt{b}$ の形に変形するには，A を素因数分解する。
$$\sqrt{108} = \sqrt{2^2 \times 3^2 \times 3} = 2 \times 3 \times \sqrt{3} = 6\sqrt{3}$$

1 と 2 は逆の関係なんだね。

例 次の数を変形して，根号の中をできるだけ簡単な数にしましょう。

[1] $\sqrt{27} = \sqrt{9 \times 3} = \sqrt{9} \times \sqrt{3} = $ ^[ウ]

[2] $\sqrt{\dfrac{7}{81}} = \dfrac{\sqrt{7}}{\sqrt{81}} = $ ^[エ]

 **ゼッタイ！これだけ**

$a\sqrt{b} = \sqrt{a^2 b}$，$\sqrt{a^2 b} = a\sqrt{b}$
（ただし，$a > 0$，$b > 0$）

答え [ア] $\sqrt{45}$ [イ] $-\sqrt{150}$ [ウ] $3\sqrt{3}$ [エ] $\dfrac{\sqrt{7}}{9}$

練習問題 →解答は別冊 p.7

❶ 次の数を変形して，$\sqrt{a}$ の形にしなさい。

(1) $2\sqrt{2}$

(2) $2\sqrt{3}$

(3) $4\sqrt{5}$

(4) $\dfrac{\sqrt{27}}{3}$

❷ 次の数を変形して，根号の中をできるだけ簡単な数にしなさい。

(1) $\sqrt{20}$

(2) $\sqrt{60}$

宿題やった？

(3) $\sqrt{12}$

(4) $\sqrt{\dfrac{14}{72}}$

(5) $\sqrt{432}$

これも！ プラス ## 素因数分解は覚えているかな

素因数分解とは，ある数を素数の積で表すことでしたね。
素因数分解する数を 2, 3, 5, …のような素数でわっていき，

$$72 = 2^3 \times 3^2$$

のように素数の積の形で表すことです。

14 有理化って何？
分母の有理化

なぜ学ぶの？

$\dfrac{\sqrt{2}}{2}$ は$\sqrt{2}$を半分にした数だけど，$\dfrac{1}{\sqrt{2}}$ はどんな数かわかりにくいよね。
分母に$\sqrt{}$ がある数は大きさの比較や計算がしづらいんだ。このような不便を
解消するために，分数を変形して，**分母に$\sqrt{}$ がない形**にするやり方を学ぶよ。

1 分母の有理化とは？

これが大事！ 分母に$\sqrt{}$ をふくまない形に変形することを，**分母を有理化する**という。
有理化するには，**分母と分子に同じ数をかける**。

$$\dfrac{1}{\sqrt{2}} = \dfrac{1 \times \sqrt{2}}{\sqrt{2} \times \sqrt{2}}$$ ← 分母と分子に同じ数$\sqrt{2}$をかける。

$$= \dfrac{\sqrt{2}}{2}$$ ← 分母に$\sqrt{}$ をふくまない形。

$$\dfrac{\sqrt{5}}{\sqrt{12}} = \dfrac{\sqrt{5}}{2\sqrt{3}} = \dfrac{\sqrt{5} \times \sqrt{3}}{2\sqrt{3} \times \sqrt{3}} = \dfrac{\sqrt{15}}{6}$$

注意 「有理」の意味については，**17** で解説します。

例 次の数の分母を有理化しましょう。

[1] $\dfrac{1}{\sqrt{5}} = \dfrac{1 \times \sqrt{5}}{\sqrt{5} \times \sqrt{5}} = $ [ア]

[2] $\dfrac{\sqrt{7}}{\sqrt{3}} = \dfrac{\sqrt{7} \times \sqrt{3}}{\sqrt{3} \times \sqrt{3}} = $ [イ]

根号のついている
数の変形には，
・$\sqrt{a}$への変形
・$a\sqrt{b}$への変形
・分母の有理化
があるんだね。

ゼッタイ！これだけ

分母の有理化
分母に根号をふくむ数があるときは，
分母の根号をなくす。

$$\dfrac{\sqrt{b}}{\sqrt{a}} = \dfrac{\sqrt{b} \times \sqrt{a}}{\sqrt{a} \times \sqrt{a}} = \dfrac{\sqrt{ab}}{a}$$

（ただし，$a > 0$, $b > 0$）

答え [ア] $\dfrac{\sqrt{5}}{5}$ [イ] $\dfrac{\sqrt{21}}{3}$

練習問題 →解答は別冊 p.7

→解答は別冊 p.7

1 次の数の分母を有理化しなさい。

(1) $\dfrac{1}{\sqrt{3}}$

(2) $\dfrac{\sqrt{5}}{\sqrt{6}}$

(3) $\dfrac{\sqrt{3}}{\sqrt{6}}$

(4) $\dfrac{\sqrt{6}}{\sqrt{2}}$

次のページもやろっかな。

これも！プラス **分母の効率的な有理化**

分母と分子に分母の数をかければ，分母を有理化できますが，次のように，先に分母を変形することもできます。

$$\frac{\sqrt{6}}{\sqrt{8}} = \frac{\sqrt{6}}{2\sqrt{2}} = \frac{\sqrt{6} \times \sqrt{2}}{2\sqrt{2} \times \sqrt{2}} = \frac{\sqrt{12}}{4} = \frac{2\sqrt{3}}{4} = \frac{\sqrt{3}}{2} \cdots ①$$

分母を変形して√の中をできるだけ小さくする。

また，先に約分してから有理化することもできます。

$$\frac{\sqrt{6}}{\sqrt{8}} = \frac{\sqrt{2} \times \sqrt{3}}{\sqrt{2} \times \sqrt{4}} = \frac{\sqrt{3}}{2} \cdots ②$$

√2で約分

慣れるまでは，①の変形で分母を有理化するとよいです。

15 √をふくむ式の加法と減法

√をふくむ式の和と差

なぜ学ぶの？

根号（√）をふくむ式の加法と減法は，少し注意が必要だよ。でも，同類項をまとめる，$a\sqrt{b}$に変形する，分母を有理化する，などこれまで学んだ方法をフル活用すれば，式を整理できるよ。

1 √をふくむ式の和

$$3a+4a=(3+4)a=7a \quad \longleftarrow 同類項をまとめる。$$

これと同じように，

$$3\sqrt{2}+4\sqrt{2}=(3+4)\sqrt{2}$$
$$=7\sqrt{2}$$

これが大事！ と，√の部分が同じものをまとめることができる。

$$\sqrt{12}+\sqrt{27}=2\sqrt{3}+3\sqrt{3} \quad \longleftarrow a\sqrt{b}に変形する。$$
$$=(2+3)\sqrt{3} \quad \longleftarrow √の部分が同じものをまとめる。$$
$$=5\sqrt{3}$$

例 $2\sqrt{5}+5\sqrt{5}=$ [ア]

文字式の加法・減法と同じように考えればいいんだね。

2 √をふくむ式の差

これが大事！

$$7a-2a=(7-2)a \quad \longleftarrow 同類項をまとめる。$$

これと同じように，

$$7\sqrt{2}-2\sqrt{2}=(7-2)\sqrt{2}$$
$$=5\sqrt{2}$$

$$2\sqrt{3}-3\sqrt{2}-5\sqrt{3}+4\sqrt{2}=(2-5)\sqrt{3}+(-3+4)\sqrt{2}$$
$$=-3\sqrt{3}+\sqrt{2}$$

例 $6\sqrt{7}-3\sqrt{7}=$ [イ]

ゼッタイこれだけ 根号をふくむ式の和・差では，√の部分が同じものだけがまとめられる。

答え [ア] $7\sqrt{5}$　[イ] $3\sqrt{7}$

38

練習問題 →解答は別冊 p.7

❶ 次の式を簡単にしなさい。

(1) $3\sqrt{2}+2\sqrt{2}$

(2) $\sqrt{7}+2\sqrt{7}$

(3) $\sqrt{18}+\sqrt{50}$

(4) $8\sqrt{6}-6\sqrt{6}$

(5) $\sqrt{63}-\sqrt{28}$

(6) $9\sqrt{2}-4\sqrt{5}+\sqrt{2}-3\sqrt{5}$

(7) $\sqrt{6}-\dfrac{\sqrt{2}}{\sqrt{3}}$

えーと, う〜んと, アレ！？

これも！プラス ## $\sqrt{\ }$ の部分が異なると, まとめられない！

加法と減法でまとめられるのは, $\sqrt{\ }$ の中の数が同じものだけです。

×$\sqrt{2}+\sqrt{3}=\sqrt{2+3}=\sqrt{5}$
×$\sqrt{5}-\sqrt{3}=\sqrt{5-3}=\sqrt{2}$
はまちがいです。

これらは,

$$\frac{1}{2}+\frac{2}{3} を \frac{1+2}{2+3}=\frac{3}{5}$$

とするのと同じようなまちがいです。

同じ $\sqrt{\ }$ に まとめるのはNG！

あなたたちは 違うおうちなの！

式の計算　平方根　2次方程式　関数$y=ax^2$　相似な図形　円の性質　三平方の定理　標本調査

16 √ をふくむ式の乗法と除法
乗法の公式の利用

ここでは，多項式の展開や乗法の公式を，√ をふくむ式の乗法と除法でも活用できるようになるために学ぶよ。

1 分配法則を使おう

これが大事！ $a(x+y)=ax+ay$（分配法則を用いた展開）を使って計算する。

$$\sqrt{3}(\sqrt{3}+2)=(\sqrt{3})^2+\sqrt{3}\times2 \quad\leftarrow \text{かっこをはずす。}$$
$$=3+2\sqrt{3}$$

例 $\sqrt{2}(\sqrt{5}-\sqrt{2})=\sqrt{2}\times\boxed{}^{[ア]}-(\sqrt{2})^2$
$$=\boxed{}^{[イ]}$$

2 乗法の公式を使おう

これが大事！ $(x+a)^2=x^2+2ax+a^2$（乗法の公式②）を使って計算する。

$$(\sqrt{2}+\sqrt{3})=(\sqrt{2})^2+2\times\sqrt{2}\times\sqrt{3}+(\sqrt{3})^2 \quad\leftarrow x=\sqrt{2},\ a=\sqrt{3}\text{とする。}$$
$$=2+2\sqrt{6}+3$$
$$=5+2\sqrt{6}$$

例 [1] $(\sqrt{5}-\sqrt{2})^2=(\sqrt{5})^2-2\times\boxed{}^{[ウ]}\times\sqrt{2}+(\sqrt{2})^2 \quad\leftarrow (x-a)^2=x^2-2ax+a^2$
$$=5-2\sqrt{10}+2$$
$$=7-2\sqrt{10}$$

[2] $(\sqrt{2}+4)(\sqrt{2}-6)=(\sqrt{2})^2+(4-6)\sqrt{2}+4\times(-6)\leftarrow$
$$=2-2\sqrt{2}-24 \quad (x+a)(x+b)=x^2+(a+b)x+ab$$
$$=\boxed{}^{[エ]}$$

いろいろな計算が混じってきたね。

[3] $(\sqrt{7}+\sqrt{5})(\sqrt{7}-\sqrt{5})=(\sqrt{7})^2-(\sqrt{5})^2 \quad\leftarrow (x+a)(x-a)=x^2-a^2$
$$=7-5$$
$$=\boxed{}^{[オ]}$$

答え [ア] $\sqrt{5}$ [イ] $\sqrt{10}-2$
[ウ] $\sqrt{5}$ [エ] $-22-2\sqrt{2}$
[オ] 2

ゼッタイ！ これだけ　これまでに学んだ乗法の公式や計算のきまりを使って展開する。

練習問題 ➡ 解答は別冊 p.8

もしかして天才!?

❶ 次の式を計算しなさい。

(1) $\sqrt{3}(\sqrt{5}+\sqrt{7})$

(2) $\sqrt{6}(\sqrt{2}+\sqrt{5})$

(3) $(\sqrt{3}+2)(\sqrt{3}-5)$

(4) $(\sqrt{2}+3)^2$

(5) $(\sqrt{10}-4)^2$

(6) $(2\sqrt{3}+\sqrt{2})(2\sqrt{3}-\sqrt{2})$

これも！プラス 式の値を求めよう！

$x=\sqrt{2}+\sqrt{5}$, $y=\sqrt{2}-\sqrt{5}$ のとき, x^2-y^2 の値を求めましょう。

x, y の値をそのまま式に代入しても求めることはできますが,
先に因数分解すると, 計算が楽になる場合があります。

$x+y=(\sqrt{2}+\sqrt{5})+(\sqrt{2}-\sqrt{5})=2\sqrt{2}$
$x-y=(\sqrt{2}+\sqrt{5})-(\sqrt{2}-\sqrt{5})=2\sqrt{5}$

$\left(\sqrt{2}+\sqrt{5}\right)^2-\left(\sqrt{2}-\sqrt{5}\right)^2$

よって,

$x^2-y^2=(x+y)(x-y)$
$\qquad =2\sqrt{2}\times2\sqrt{5}$
$\qquad =4\sqrt{10}$

そのまま計算するのは
大変そうだね…

式の計算

平方根

2次方程式

関数 $y=ax^2$

相似な図形

円の性質

三平方の定理

標本調査

17 数を分類しよう
有理数と無理数

なぜ学ぶの?

これまでに出てきた数は，自然数，整数，分数，小数，負の数，平方根といろいろあるね。これらの**数を分類・整理**すれば，それぞれの数の特徴を覚えやすくなるよ。

1 有理数と無理数

これが大事! 整数 m と 0 でない整数 n を使って，分数 $\dfrac{m}{n}$ の形に表される数を有理数という。また，有理数でない数（分数で表せない数）を**無理数**という。

有理数	無理数
・すべての整数 $m\left(\dfrac{m}{1}\right)$	・$\sqrt{2}$ （$\sqrt{2}=1.4142\cdots$）
・$0\left(0=\dfrac{0}{n}\right)$	・$\sqrt{3}$ （$\sqrt{3}=1.7320\cdots$）
・$\sqrt{9}$ （$\sqrt{9}=3$）　…など	・π 　（$\pi=3.1415\cdots$）…など

例 $-\dfrac{1}{3}, 0.9, \sqrt{13}, \sqrt{25}$ のうち，無理数は $[ア]$ □

2 数の分類

「分母の有理化」というのは，分母を有理数にすることだったんだね。

これが大事! 数の仲間
- 有理数
  - 整数
    - 正の整数（自然数）
    - 0
    - 負の整数
  - 整数でない有理数
    - **有限小数**
    - **循環小数**
- 無理数…循環しない無限小数

$\dfrac{1}{4}=0.25$ のような小数を，**有限小数**といい，これに対し，限りなく続く小数を**無限小数**という。また，$\dfrac{5}{37}=0.135135135\cdots$ のように，わりきれず，ある位より先は決まった数字がくり返される小数を，**循環小数**という。無理数は循環しない無限小数である。

ゼッタイ これだけ 有理数…分数の形で表される数
無理数…分数の形で表せない数

答え [ア] $\sqrt{13}$

練習問題 →解答は別冊 p.8

① 次の◯◯にあてはまることばや数を答えなさい。

(1) a を整数，b を 0 でない整数とするとき，$\dfrac{a}{b}$ のように分数の形で表される数を [ア]◯◯ といい，分数の形で表すことのできない数を [イ]◯◯ という。

(2) 有理数は小数で表すと，[ウ]◯◯ か循環小数となるが，無理数は小数で表すと，[エ]◯◯ となり，分数では表せない。

勉強して，エラい！

② 次の数のうち，有理数はどれですか。

$$-\sqrt{3},\ \sqrt{\dfrac{16}{25}},\ \pi,\ -\sqrt{0.25}$$

これも！プラス 循環小数を分数にする

0.454545… を分数にしてみましょう。

$x = 0.454545…$ として，両辺を 100 倍すると，
$$100x = 45.454545……$$

$100x$ から x をひくと，
$$
\begin{array}{r}
100x = 45.454545…… \\
-)\quad x = 0.454545…… \\
\hline
99x = 45
\end{array}
$$

よって，$x = \dfrac{45}{99} = \dfrac{5}{11}$

したがって，$0.454545… = \dfrac{5}{11}$

循環小数
0.4545… は 0.4̇5̇ と表す

式の計算

平方根

2次方程式

関数 $y=ax^2$

相似な図形

円の性質

三平方の定理

標本調査

18 有効数字って何だろう？

近似値・誤差・有効数字

なぜ学ぶの？ 0.1 kg きざみの体重計で表示が 48.2 kg のとき，実際は 48.22 kg かもしれないよね。日常生活で使われている重さや長さは，真の値ではなく，**誤差をふくんだ近似値**なんだ。近似値を使うと，すっきりわかりやすくなるよ。

1 近似値・誤差

これが大事！

近似値：真の値でないがそれに近い値。←四捨五入して得られた値など。

誤差：（誤差）＝（真の値）−（近似値）

例 ある数の小数第 2 位で四捨五入して 2.3 を得たとき，

真の値 a の範囲は，$2.25 \leq a < 2.35$
近似値は，2.3
誤差の絶対値は，大きくても 0.05

真の値は
この範囲のどこかにある

誤差の範囲

近似値
（測定値）

2 有効数字

これが大事！

有効数字：近似値を表す数字のうち，**信頼できる数字**。

ある物体の重さを，最小の目もりが 10 g であるはかりではかったところ，測定値 3450 g を得た。このとき，3，4，5 を有効数字という。

また，このとき，3.45×10^3 g と，有効数字をはっきりさせて，測定値を表すことがある。

（測定値）＝（整数部分が 1 けたの数）×（10 の累乗）

例 ある距離の測定値 180 m の有効数字が 1，8 であるとき，この測定値を

（整数部分が 1 けたの数）×（10 の累乗）で表すと，[ア] □ m

世の中で表示されている重さや容積は，ほとんど近似値だよ。

ゼッタイ！これだけ

近似値：四捨五入して得られた値のように，真の値でないがそれに近い値

誤差：（誤差）＝（真の値）−（近似値）

有効数字：近似値を表す数字のうち，信頼できる数字

答え [ア] 1.8×10^2

練習問題 →解答は別冊 p.8

❶ 次の問いに答えなさい。

(1) 2点間の距離を，10 m未満を四捨五入して測定値 3850 m を得ました。真の値を a として，a の範囲を不等号を使って表しなさい。

(2) 無理数 $\sqrt{2}$ の値は無限小数 1.41421… です。$\sqrt{2}$ の近似値を 1.41 とするとき，誤差を求めなさい。

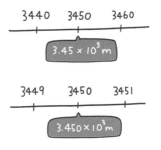

わからないけどとりあえずやってみる？

❷ 次の近似値を，(整数部分が1けたの数)×(10の累乗) の形に表しなさい。

(1) ある品物の重さをはかったら 340 g で，有効数字が 3, 4 のとき。

(2) ある飲み物のペットボトルに，容積は 1500 mL と表示してあり，有効数字が 1, 5, 0 のとき。

これも！プラス 「$3.45×10^3$m」と「$3.450×10^3$m」の違いは？

どちらも，$×10^3$ を使わずに表せば，3450 m ですね。

$3.45×10^3$ m の有効数字は **3, 4, 5** なので，3450 m の 0 は，信頼できる数ではないことを表しています。

$3.450×10^3$ m の有効数字は **3, 4, 5, 0** なので，3450 m の 0 は信頼できる数字であることを表しています。

```
3440    3450    3460
├──────┼──────┤

   3.45 × 10³ m

3449    3450    3451
├──────┼──────┤

   3.450 × 10³ m
```

式の計算

平方根

2次方程式

関数 $y=ax^2$

相似な図形

円の性質

三平方の定理

標本調査

おさらい問題

1 次の数の大小を，不等号を使って表しなさい。

(1) $11 \boxed{} \sqrt{10}$

(2) $-\sqrt{6} \boxed{} -\sqrt{5}$

2 次の計算をしなさい。

(1) $-\sqrt{7} \times \sqrt{21}$

(2) $\sqrt{18} \div \sqrt{2}$

(3) $\sqrt{18} \div (-\sqrt{6}) \times \sqrt{3}$

3 次の問いに答えなさい。

(1) $3\sqrt{5}$ を変形して，$\sqrt{a}$ の形にしなさい。

(2) $\sqrt{3} = 1.732$ として，$\sqrt{0.03}$ の値を求めなさい。

(3) $\dfrac{4}{\sqrt{12}}$ の分母を有理化しなさい。

4 次の計算をしなさい。

(1) $3\sqrt{5} - 4\sqrt{3} - \sqrt{5} + 2\sqrt{3}$

(2) $\sqrt{12} + \sqrt{8} + \sqrt{3} + \sqrt{32}$

5 次の計算をしなさい。

(1) $\sqrt{5}\,(\sqrt{15}-\sqrt{2}\,)$

(2) $(\sqrt{6}+8)\,(\sqrt{6}-4)$

(3) $(\sqrt{5}+3)^2$

(4) $(\sqrt{7}-\sqrt{5}\,)^2$

(5) $(\sqrt{11}-\sqrt{13}\,)\,(\sqrt{11}+\sqrt{13}\,)$

6 次の数のうち，有理数はどれですか。

$$-\sqrt{2},\ \sqrt{\dfrac{9}{100}},\ \sqrt{3},\ \sqrt{0.04}$$

7 次の問いに答えなさい。

(1) ある数 a を 14 でわり，商の小数第 1 位を四捨五入したら 4 になりました。このような a のうちで，最も小さい数を求めなさい。

(2) 地球の赤道半径は 6380 km です。有効数字を 6，3，8 として，この距離を，(整数部分が 1 桁の数)×(10 の累乗) の形で表しなさい。

式の計算

平方根

2次方程式

関数 $y=ax^2$

相似な図形

円の性質

三平方の定理

標本調査

19 2次方程式って何だろう？

2次方程式 $ax^2+bx+c=0$

なぜ学ぶの？

1年生では1次方程式を，2年生では連立方程式が解けるようになったね。3年生では**解が2つある2次方程式**について学んでいくよ。展開・因数分解や平方根で学んだことを方程式でも活用できるようになろう。

1 2次方程式とは

これが大事！
移項して整理すると，(x の2次式）＝0 と表せる方程式を，x についての**2次方程式**という。

x についての2次方程式は，一般に次の形で表される。

$$ax^2+bx+c=0 \quad (a \neq 0)$$

〈2次方程式の例〉
$x^2+2x+8=0$
$3x^2-9=0$
$2x^2+3x=-x^2+5$
$(x-5)^2=1$

$3x^2-9=0$ を左の式にあてはめると，$a=3$, $b=0$, $c=-9$ になるね。

2 2次方程式の解

これが大事！
2次方程式を成り立たせる（つまり，左辺と右辺が等しくなる）x の値を，その2次方程式の**解**といい，解をすべて求めることを，その**2次方程式を解く**という。

2次方程式 $x^2=9$ を解くと，$x=\pm 3$ ←9の平方根が解。

例 $x^2+2x-8=0$ に $x=-4$, $x=2$ を代入すると，方程式が成り立ちます。

よって，方程式 $x^2+2x-8=0$ の解は [ア] _____

ゼッタイ！これだけ
2次方程式は，一般に次の形で表される。
$$ax^2+bx+c=0$$
（ただし，$a \neq 0$）。

答え [ア]$x=-4$, $x=2$

練習問題 →解答は別冊 p.9

❶ ［ ］にあてはまることばを答えなさい。

（xについての2次式）＝0

の形で表される方程式を，xについての $\boxed{}^{[\mathcal{P}]}$ といい，

方程式を成り立たせるxの値を，方程式の $\boxed{}^{[\mathcal{I}]}$ という。

❷ ［ ］にあてはまる数を答えなさい。

$x^2=16$ を x についての 2 次方程式とみたとき，その解は

$x=\boxed{}$ である。

❸ $x=1$，2，3，4 のうち，2 次方程式 $x^2-3x+2=0$ の解を考えます。

$x^2-3x+2=0$ に $x=1$，2，3 を代入すると，

$x=1$ のとき，左辺＝$\boxed{}^{①}$，右辺＝0

$x=2$ のとき，左辺＝$\boxed{}^{②}$，右辺＝0

$x=3$ のとき，左辺＝$\boxed{}^{③}$，右辺＝0

したがって，2 次方程式 $x^2-3x+2=0$ の解は，

$x=\boxed{}^{④}$，$x=\boxed{}^{⑤}$

である。

意外とカンタンじゃない？

これも！プラス これは2次方程式？

次の式は，2 次方程式でしょうか。

$x^2+4x+3=x^2-5x+1$

x^2 があるから 2 次方程式，と決めつけてはいけません。
上の方程式を移項して整理すると，

$x^2+4x+3-x^2+5x-1=0$

$\qquad\qquad 9x+2=0$

これは 1 次方程式ですね。

式の計算

平方根

2次方程式

関数 $y=ax^2$

相似な図形

円の性質

三平方の定理

標本調査

20 平方根を使って2次方程式を解こう

$ax^2 = b, (x+m)^2 = n$ の解法

なぜ学ぶの？

平方根の考えから，2次方程式 $x^2 = 3$ の解は，平方根を使って $x = \pm\sqrt{3}$ と書けるね。これと同じように，**平方根を使って**2次方程式を解けるようになろう。

1 $x^2 = ●$ の形にして解こう

これが大事！ 2次方程式 $3x^2 - 15 = 0$ を解いてみよう。

$$3x^2 - 15 = 0$$
$$3x^2 = 15$$
$$x^2 = 5$$
$$x = \pm\sqrt{5} \quad \longleftarrow x は 5 の平方根$$

例 2次方程式 $4x^2 - 3 = 0$ の解は，

$$4x^2 - 3 = 0$$
$$4x^2 = 3$$
$$x^2 = \frac{3}{4}$$

$$x = \boxed{} \quad \longleftarrow x は \frac{3}{4} の平方根$$

2 $(x + ■)^2 = ●$ の形の2次方程式を解こう

これが大事！ 2次方程式 $(x-2)^2 = 5$ を解いてみよう。

$$(x-2)^2 = 5$$
$$x - 2 = \pm\sqrt{5} \quad \longleftarrow x-2 は 5 の平方根$$
$$x = 2 \pm\sqrt{5} \quad \longleftarrow -2 を右辺に移項$$

$x = 2 \pm\sqrt{5}$ は，
$x = 2 + \sqrt{5}$ と $x = 2 - \sqrt{5}$ を
まとめて表しているよ。

例 2次方程式 $(x+3)^2 = 4$ の解は，

$$(x+3)^2 = 4$$
$$x + 3 = \pm 2 \quad \longleftarrow x+3 は 4 の平方根$$
$$x = -3 + 2, \quad x = -3 - 2$$

$$x = \boxed{}$$

ゼッタイ！ これだけ

$x^2 = ●$, $(x + ■)^2 = ●$ の形に変形できるときは，平方根の考え方で解く。

答え [ア] $\pm\dfrac{\sqrt{3}}{2}$　[イ] $-1, \ -5$

練習問題 →解答は別冊 p.9

❶ 次の2次方程式を解きなさい。

(1) $2x^2 - 8 = 0$

(2) $4x^2 = 5$

(3) $5x^2 = 7$

(4) $5x^2 - \dfrac{15}{4} = 0$

❷ 次の2次方程式を解きなさい。

(1) $(x+1)^2 = 7$

(2) $(x-5)^2 = 6$

(3) $(x-3)^2 = 25$

なんとかなるような気がしてきた。たぶん…。

これも！プラス **最後まで計算しよう**

$(x-7)^2 = 4$ のように，右辺が 1，4，9，16，…などのある整数を2乗した数になっているときは，

$$(x-7)^2 = 4$$
$$x-7 = \pm 2$$
よって，　$x = 7 \pm 2$

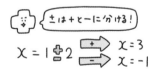

ここで終わりにしないで，最後まで計算しましょう。

$$x = 7+2,\ x = 7-2$$
よって，　$x = 9,\ x = 5$ ←これが求める解。

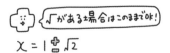

式の計算

平方根

2次方程式

関数$y=ax^2$

相似な図形

円の性質

三平方の定理

標本調査

21 式を変形させて2次方程式を解こう

$x^2+px+q=0$ の変形

なぜ学ぶの?

20で $ax^2=b$, $(x+m)^2=n$ の解き方について学んだね。
ここでは, $ax^2+bx+c=0$ の2次方程式を $(x+m)^2=n$ に変形する方法について考えるよ。この形にできれば, 解を求めることができるね。

1 $(x+■)^2=0$ に変形して解こう

これが大事! 2次方程式 $x^2+6x+9=0$ を解く。

$x^2+6x+9=0$

$(x+3)^2=0$ ← 左辺を因数分解。

$x+3=0$ ← 2乗して0になる数は0。

$x=-3$

例 2次方程式 $x^2-8x+16=0$ を解くと,

$x^2-8x+16=0$

$(x\boxed{})^2=0$

$x\boxed{}=0$

よって, $x=\boxed{}$

この形の2次方程式は解が1個なんだね。

2 $(x+■)^2=●$ に変形して解こう

これが大事! 2次方程式 $x^2+6x=1$ を解く。

$x^2+6x=1$

$x^2+6x+9=1+9$ ← 両辺に同じ数（xの係数6の半分の2乗）を加える。

$(x+3)^2=10$ ← 左辺を因数分解。

$x+3=\pm\sqrt{10}$

$x=-3\pm\sqrt{10}$

例 2次方程式 $x^2+10x=3$ を解くと,

$x^2+10x+25=3+25$

$(x+5)^2=28$

$x+5=\boxed{}$

よって, $x=\boxed{}$

x の係数10の半分5の2乗（=25）を, 両辺に加えればいいね。

ゼッタイ これだけ

$x^2+px+q=0$ の形の2次方程式は, $(x+■)^2=●$ に変形して解く。

答え [ア] -4 [イ] 4
[ウ] $\pm2\sqrt{7}$ [エ] $-5\pm2\sqrt{7}$

式の計算

平方根

2次方程式

関数$y=ax^2$

相似な図形

円の性質

三平方の定理

標本調査

練習問題 →解答は別冊 p.10

① 次の2次方程式を解きなさい。

(1) $(x-1)^2=0$

(2) $x^2+6x+9=0$

(3) $\left(x+\dfrac{5}{2}\right)^2=0$

(4) $4x^2+12x=-9$

② 次の2次方程式を，$(x+■)^2=●$に変形して解きなさい。

(1) $x^2+4x=-1$

(2) $x^2+8x=3$

(3) $x^2-14x+9=0$

(4) $x^2-16x+1=0$

わ…，わかる!!

これも！プラス xの係数が奇数のときはどうする？

$x^2-9x=-9$ を解いてみましょう。
左辺を $(x-○)^2$ の形にするために，x の係数-9の半分

$-\dfrac{9}{2}$ を2乗した数 $\dfrac{81}{4}$ を両辺に加えると，

$$x^2-9x+\frac{81}{4}=-9+\frac{81}{4}\left(=\frac{45}{4}\right)$$

左辺を因数分解すると，$\left(x-\dfrac{9}{2}\right)^2=\dfrac{45}{4}$

よって，$x-\dfrac{9}{2}=\pm\dfrac{3\sqrt{5}}{2}$ より，$x=\dfrac{9}{2}\pm\dfrac{3\sqrt{5}}{2}=\dfrac{9\pm3\sqrt{5}}{2}$

$(x-a)^2=$ ？

左辺を $(x-a)^2$ の形に
因数分解すれば
いいんだね

22 解の公式を覚えよう
解の公式

 なぜ学ぶの？

2次方程式には，**解を求める公式**があるよ。公式の形が長くて覚えるのが大変だけど，この公式を使えば，どんな2次方程式も解くことができるよ。

1 解の公式

2次方程式 $ax^2+bx+c=0$ の解は，次の公式によって求められる。

これが大事!

2次方程式の解の公式
$ax^2+bx+c=0$ の解は，$x=\dfrac{-b\pm\sqrt{b^2-4ac}}{2a}$

$x^2+5x+3=0$ の解は， ← $a=1,\ b=5,\ c=3$

$$x=\frac{-5\pm\sqrt{5^2-4\times1\times3}}{2\times1}$$

$$=\frac{-5\pm\sqrt{25-12}}{2}$$

$$=\frac{-5\pm\sqrt{13}}{2}$$

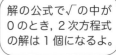 解の公式で√の中が0のとき，2次方程式の解は1個になるよ。

例 $3x^2+x-5=0$ の解は，

$$x=\frac{\boxed{[ア]}\pm\sqrt{\boxed{[イ]}-4\times\boxed{[ウ]}}}{2\times\boxed{[エ]}}$$

$$=\frac{\boxed{[ア]}\pm\sqrt{\boxed{[イ]}+\boxed{[オ]}}}{\boxed{[カ]}}=\boxed{[キ]}$$

答え [ア] −1 [イ] 1 [ウ] (−15) [エ] 3
[オ] 60 [カ] 6 [キ] $\dfrac{-1\pm\sqrt{61}}{6}$

 ゼッタイ! これだけ

2次方程式 $ax^2+bx+c=0$ の解は，
$x=\dfrac{-b\pm\sqrt{b^2-4ac}}{2a}$ (2次方程式の解の公式)

練習問題 →解答は別冊 p.10

❶ 次の 2 次方程式を解の公式 $x = \dfrac{-b \pm \sqrt{b^2 - 4ac}}{2a}$ を使って解くとき, a, b, c に代入する値を求めなさい。

(1) $2x^2 + 5x - 3 = 0$　　　　$a = \boxed{}$, $b = \boxed{}$, $c = \boxed{}$

(2) $3x^2 + 7x + 2 = 0$　　　　$a = \boxed{}$, $b = \boxed{}$, $c = \boxed{}$

❷ 次の 2 次方程式を解きなさい。

(1) $x^2 - 3x - 1 = 0$

(2) $2x^2 + 5x - 3 = 0$

(3) $x^2 + 2x - 5 = 0$

あせらない,
あせらない。

(4) $2x^2 - 4x + 1 = 0$

これも！プラス 2次方程式の解の公式の導き方

$ax^2 + bx + c = 0$ $(a \neq 0)$ で, c を移項して両辺を a でわると,
$$x^2 + \frac{b}{a}x = -\frac{c}{a}$$
両辺に, x の係数の $\dfrac{b}{a}$ の半分を 2 乗した数を加えると,
$$x^2 + \frac{b}{a}x + \left(\frac{b}{2a}\right)^2 = \left(\frac{b}{2a}\right)^2 - \frac{c}{a}$$

左辺を因数分解し, 右辺を計算すると,
$$\left(x + \frac{b}{2a}\right)^2 = \frac{b^2 - 4ac}{4a^2}$$
よって, $x + \dfrac{b}{2a} = \dfrac{\pm\sqrt{b^2 - 4ac}}{2a}$
したがって,
$$x = -\frac{b}{2a} \pm \frac{\sqrt{b^2 - 4ac}}{2a} = \frac{-b \pm \sqrt{b^2 - 4ac}}{2a}$$

式の計算

平方根

2次方程式

関数 $y = ax^2$

相似な図形

円の性質

三平方の定理

標本調査

23 因数分解を使って2次方程式を解こう

2次方程式 $(x+a)(x+b)=0$ などの解法

 なぜ学ぶの? 解の公式は万能だけれど，計算はちょっと大変だね。式を変形して，右辺を0，**左辺を因数分解された形**にすることができれば，もっと簡単に解を求めることができるよ。

1 2次方程式 $(x+a)(x+b)=0$ の解き方

これが大事! 右辺を 0 にするためには，$x+a=0$ または $x+b=0$ であればよいので，$x=-a, -b$

$(x-2)(x+3)=0$ の解は，

$x-2=0$ または $x+3=0$ より，$x=2, -3$

2 2次方程式 $ax^2+bx+c=0$ の解き方

これが大事! 左辺を因数分解して，$(x+a)(x+b)=0$ の形にする。

(1) $3x^2-2x=0$ の解は，

左辺を因数分解すると，$x(3x-2)=0$ だから，

$x=0$ または $3x-2=0$　　よって，$x=0, \dfrac{2}{3}$

(2) $x^2-3x+2=0$ の解は，

左辺を因数分解すると，$(x-1)(x-2)=0$ だから，

$x-1=0$ または $x-2=0$　　よって，$x=1, 2$

例 [1] 2次方程式 $(x+4)(x-7)=0$ の解は，$x=$ [ア]

[2] 2次方程式 $x^2+5x=0$ の解は，

$x(x$ [イ] $)=0$ より，$x=$ [ウ]

[3] 2次方程式 $x^2-3x-4=0$ の解は，

$(x-4)(x$ [エ] $)=0$ より，$x=$ [オ]

因数分解できれば，解の公式を使わなくてすむね。

 2次方程式は，因数分解して $(x+a)(x+b)=0$ の形にしても解ける。

答え [ア] $-4, 7$ [イ] $+5$ [ウ] $0, -5$
[エ] $+1$ [オ] $4, -1$

練習問題 →解答は別冊 p.11

1 次の2次方程式を解きなさい。

(1) $(x+4)(x-3)=0$

(2) $(2x-1)(x+5)=0$

(3) $x(2x+3)=0$

(4) $x^2+2x=0$

(5) $5x^2-4x=0$

(6) $x^2-x-6=0$

(7) $x^2-8x+15=0$

まあまあ
できたかな。

(8) $x^2+2x-24=0$

これも！プラス x でわったらなぜダメなの？

$x^2-3x=0$ を解くときに，両辺を x でわって，

$x-3=0$ よって，$x=3$

としてはいけません。なぜでしょうか。
それは，x が 0 かもしれないからです。
どんな数も 0 でわることはできません。
実際に上の方程式を解くと，

$x(x-3)=0$ よって，$x=0,\ 3$

となります。

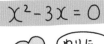

$x^2-3x=0$

わりに
行くで〜

ダメダメ〜
ゼロだったら
どうするの〜！

式の計算

平方根

2次方程式

関数 $y=ax^2$

相似な図形

円の性質

三平方の定理

標本調査

24 2次方程式で文章題を解こう
2次方程式の利用

なぜ学ぶの?

ここまでで2次方程式の解き方がわかったので, 最後に**文章題**を解いてみよう。つくられる方程式が2次方程式になるだけで, 考え方はこれまでの文章題の解き方と同じだね。

1 文章題を解こう

 文章題の解き方

①何を求める問題なのかを読みとり, **求めるものを文字で表す。**
②問題の数量に着目して, **数量の関係を見つける。**
③②をもとに**方程式をつくる。**
④**方程式を解く。**
⑤方程式の解が, 問題に合っているかどうかを**確かめる。**

 右の図のように, 正方形の土地の縦の長さを1m短くし, 横の長さを4m長くしたところ, その長方形の面積は36 m² になりました。このとき, もとの正方形の1辺の長さを求めましょう。

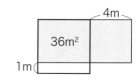

[解き方] ①もとの正方形の1辺の長さ (求めるもの) を x m とする。
②できる長方形の縦の長さは $(x-1)$m, 横の長さは $(x+4)$m, この長方形の面積が36 m²。
③②をもとに方程式をつくると,
$(x-1)(x+4)=36$
④左辺を展開して整理すると,
$x^2+3x-40=0$
左辺を因数分解すると,
$(x+8)(x-5)=0$
だから, $x=-8, 5$

⑤x は1m短くすることができるから, $x>$ [ア]□

よって, $x=$ [イ]□

求める1辺の長さは, [ウ]□

> 解の確かめは忘れずに!
> 問題に合わない解は, 答えからはずそう。

 ゼッタイ! これだけ 文章題を解いたら, 方程式の解が問題に合っているか必ず確かめる。

[答え] [ア] 1 [イ] 5 [ウ] 5 m

❶ 右の図のような, 横の長さが縦より 4 m 長い長方形の花だんに, 幅が 1 m の道をつくりました。道を除く部分の面積が 77 m² であるとき, この花壇の縦の長さを求めなさい。

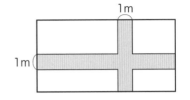

❷ n 角形の対角線は全部で $\dfrac{n(n-3)}{2}$ 本ひけます。対角線の本数が 35 本の多角形は何角形ですか。

ひと休みしよう。

これも! プラス **整数問題にチャレンジ！**

連続する 2 つの正の整数があり, それぞれを 2 乗した数の和が 145 になるとき, その 2 数を求めてみましょう。

考え方 小さいほうの整数を x とすると, 大きいほうの整数は $x+1$ です。

$$x^2+(x+1)^2=145$$
$$x^2+x-72=0$$
$$(x+9)(x-8)=0$$

左辺を展開して整理する。
因数分解する。

よって, $x=-9$, 8
$x>0$ だから, $x=8$
また, $x+1=8+1=9$
したがって, 求める 2 つの整数は 8 と 9 です。
この解は問題に合っています。

➡解答は別冊 p.11

おさらい問題

① 次の2次方程式を解きなさい。

(1) $3x^2 = 11$

(2) $7x^2 - 63 = 0$

(3) $(x-5)^2 = 6$

(4) $(x+3)^2 = 81$

② 次の2次方程式を, $(x + ■)^2 = ●$ に変形して解きなさい。

(1) $x^2 - 6x = -1$

(2) $x^2 - 8x = 20$

③ 次の2次方程式を解きなさい。

(1) $3x^2 - x - 3 = 0$

(2) $x^2 - 2x - 5 = 0$

(3) $6x^2 - x - 1 = 0$

④ 次の２次方程式を解きなさい。

(1) $(x-7)(x+3)=0$

(2) $x^2-10x+24=0$

(3) $3x^2+7x=0$

(4) $2x^2+7x=x^2+4x+40$

⑤ ２次方程式 $x^2+ax-15=0$ の１つの解が－３のとき，a の値と残りの解を求めなさい。

⑥ AB＝16 cm，BC＝16 cm，∠B＝90°の直角二等辺三角形 ABC があります。
点 P は辺 AB 上を毎秒１cm の速さで A から B まで動き，点 Q は辺 BC 上を毎秒１cm で B から C まで動きます。
P，Q が同時に出発するとき，△PBQ の面積が△ABC の面積の $\dfrac{1}{4}$ になるのは，何秒後ですか。

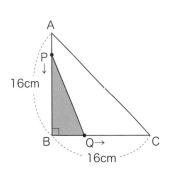

式の計算

平方根

２次方程式

関数 $y=ax^2$

相似な図形

円の性質

三平方の定理

標本調査

25 2乗に比例する関数って何だろう？
$y=ax^2$

 なぜ学ぶの？

1年生で比例と反比例について学び，2年生では1次関数について学んだね。3年生では，$y=ax^2$ の関数について見ていこう。物体が落下するときやボールが斜面を転がるときの，時間と距離の関係は，$y=ax^2$ の関数で表せるんだよ。

1 2乗に比例する関数

これが大事！

x と y の関係が
$$y=ax^2$$
で表されるとき，
y は x の **2乗に比例する**といい，
このとき，a を**比例定数**という。

1年生で学んだ $y=ax$ は比例の関係だったけれど，ここでは x が x^2 になるんだね。

たとえば，物体が落下し始めてからの時間を x 秒，その間に落下する距離を y m とすると，y は x の2乗に比例し，比例定数は 4.9 である。y を x の式で表すと，

$$y=4.9x^2 \quad \leftarrow y=比例定数 \times x^2$$

となる。

例 底面が1辺 x cm の正方形で，高さが 5 cm の四角柱の体積を y cm^3 とします。y を x の式で表すと，

$y=$ [ア] ⬅ 体積＝底面積×高さ

となります。

また，底面の正方形の1辺の長さが 3 cm のとき，$y=$ [イ] となります。

ゼッタイ！これだけ

関数とは？
x の値を決めると，それにともなって y の値がただ1つに決まるとき，y は x の関数であるという。
$y=ax^2$ も，x の値を1つ決めると，y の値がただ1つに決まるから，y は x の関数である。

答え [ア] $5x^2$ [イ] 45

練習問題 →解答は別冊 p.13

❶ 関数 $y=ax^2$ について，次の問いに答えなさい。

(1) 下の表の［ア］～［ウ］にあてはまる数を求めなさい。

x	...	-2	-1	0	1	2	...	［ウ］	...
y	...	［ア］	4	［イ］	4	16	...	100	...

(2) x の値が 2 倍になると，y の値は何倍になりますか。

(3) 比例定数 a の値を求めなさい。

❷ 半径 x cm の円の面積を y cm^2 とするとき，次の問いに答えなさい。

(1) x と y の関係を表す式を求めなさい。

(2) $x=4$ のとき，y の値を求めなさい。

さ，ゲームしよ。

(3) $y=36\pi$ のとき，x の値を求めなさい。

これも！プラス 比例定数 a の求め方

$y=ax$ の比例定数 a の値は，1 組の x, y の値がわかれば，$\dfrac{y}{x}$ で求められました。

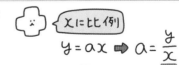

$y=ax^2$ の場合も，a の値は，1 組の x, y の値がわかれば，$\dfrac{y}{x^2}$ で求められます。

式の計算
平方根
2次方程式
関数 $y=ax^2$
相似な図形
円の性質
三平方の定理
標本調査

26 $y=x^2$ のグラフってどんな形？

$y=x^2$ のグラフの特徴

なぜ学ぶの？

1次関数 $y=ax+b$ のグラフは，傾きが a で，切片が b の直線だったね。では，$y=ax^2$ のグラフはどんな形？　まずは，$a=1$ のときのグラフ，つまり **$y=x^2$ のグラフ** から調べよう。その特徴をおさえれば，このあとの学習がスムーズに進むよ。

1 $y=x^2$ のグラフ

これが大事！

①関数 $y=x^2$ の x と y の値は，下のようになる。

x	…	-3	-2	-1	0	1	2	3	…
y	…	9	4	1	0	1	4	9	…

②関数 $y=x^2$ で，x の値を -3〜3 まで，1 おきにとり，x と y の値の組を座標とする点をとると，左下のようになる。

③x と y の値の組を座標とする点を細かくとっていくと，右下の図のような **なめらかな曲線** になる。

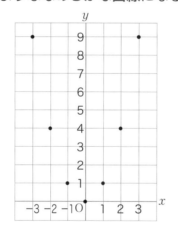

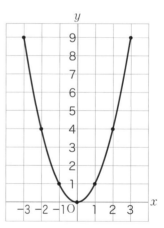

④x の値が -3 と 3 のように絶対値が等しく，符号が反対のとき，これらに対応する y の値は等しい。　← 3^2 も $(-3)^2$ も 9 で等しい。

例 関数 $y=x^2$ のグラフは，

・y 軸を対称の軸とした ［ア］_____ です。

・原点を通り，x 軸の ［イ］_____ 側にあります。

　└ $x=0$ のとき，$y=0^2=0$ より，点 $(0, 0)$ を通る。

$y=x^2$ のグラフの特徴を理解しておこう。

答え ［ア］線対称　［イ］上

ゼッタイ！これだけ

$y=x^2$ のグラフの特徴

なめらかな曲線で，原点を通り，y 軸について線対称。

練習問題 →解答は別冊 p.13

1 $y=x^2$ について，次の問いに答えなさい。

(1) 下の表の [ア] ～ [ウ] をうめなさい。

x	−5	−4	−3	−2	−1	0	1	2	3	4
y	[ア]	[イ]	9	[ウ]	1	0	1	4	9	16

お疲れさま〜。

(2) 次の ① ～ ③ をうめなさい。

関数 $y=x^2$ では，x の値が 2 倍，3 倍，…，n 倍になると，

y の値は ① 倍， ② 倍，…， ③ 倍になる。

(3) x の値を−5 から 5 まで 1 おきに
とって，関数 $y=x^2$ のグラフをかき
なさい。

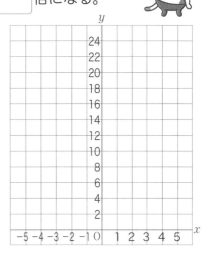

どうしても解けない場合は
$y=ax^2$ へGO!   p.62

これも! プラス ことばの意味から考えよう

---

x に比例　　 式 $y=ax$
x の値が 2 倍，3 倍，…になると，**y の値も 2 倍，3 倍，**…になります。

x に反比例　　 式 $y=\dfrac{a}{x}$

x の値が 2 倍，3 倍，…になると，**y の値は $\dfrac{1}{2}$ 倍，$\dfrac{1}{3}$ 倍**，…になります。

x の 2 乗に比例　　 式 $y=x^2$
x の値が 2 倍，3 倍，…になると，**y の値は 2^2 倍 (=4 倍)，3^2 倍 (=9 倍)**，…になります。

式の計算

平方根

2次方程式

関数 $y=ax^2$

相似な図形

円の性質

三平方の定理

標本調査

27 $y=ax^2$ のグラフはどんな形？

$y=ax^2$ のグラフ

なぜ学ぶの？

26 では，$y=x^2$ のグラフについて学んだね。$y=x^2$ は $y=ax^2$ の a が1の場合だね。ここでは，**a が1以外の場合**について考えていこう。a は負の数や分数のときもあるけれど，基本の形は変わらないことがわかるよ。

1 放物線

 これが大事！

関数 $y=ax^2$ のグラフは限りなくのびた曲線で，この曲線を放物線という。

・放物線の対称の軸を**放物線の軸**という。
・軸と放物線の交点を**放物線の頂点**という。

2 関数 $y=ax^2$ のグラフ

これが大事！

①関数 $y=ax^2$ のグラフは放物線で，その**軸は y 軸**，**頂点は原点**である。
②関数 $y=ax^2$ のグラフは，比例定数 **a の符号**によって，下のようになる。

$a>0$

| x軸の上側にあり，上に開いている。 |

$a<0$

| x軸の下側にあり，下に開いている。 |

③関数 $y=ax^2$ のグラフは，比例定数 a の絶対値が大きいほど，開き方が小さくなる。

例 $y=3x^2$ と $y=x^2$ のグラフの軸はともに

[ア] ◻ 軸で，頂点は [イ] ◻ です。

また，グラフの開き方が大きいのは [ウ] ◻ です。

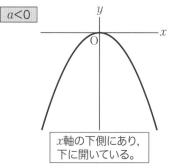

$y=3x^2$ の y の値は，$y=x^2$ の y の値の3倍になるんだね。

ゼッタイ！ これだけ

関数 $y=ax^2$

●放物線の対称の軸を放物線の軸といい，軸と放物線の交点を放物線の頂点という。
●関数 $y=ax^2$ のグラフは，比例定数 a の絶対値が大きいほど，開き方が小さくなる。

答え [ア] y [イ] 原点 [ウ] $y=x^2$

練習問題 →解答は別冊 p.13

1 次の関数のグラフをかきなさい。

(1) $y = -x^2$

(2) $y = \dfrac{1}{2}x^2$

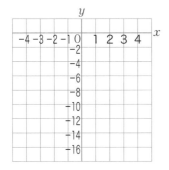

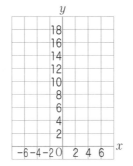

2 右の図のア〜エは，下の関数の
グラフを表したものです。ア〜
エはそれぞれどの関数のグラ
フですか。

(1) $y = 2x^2$

(2) $y = -\dfrac{1}{2}x^2$

(3) $y = -2x^2$

(4) $y = \dfrac{1}{3}x^2$

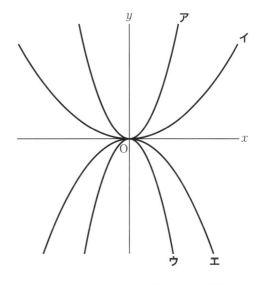

ここまで終わったら
おやつにしよっと。

どうしても解けない場合は
$y=x^2$のグラフの特徴へGo! p.64

これも！プラス 関数 $y=ax^2$ と $y=-ax^2$

関数 $y=ax^2$ と $y=-ax^2$ で，x が同じ値なら，y の値は，絶対値
が等しく符号が反対です。
よって，$y=ax^2$ と $y=-ax^2$ のグラフは，**x 軸について線対称**です。

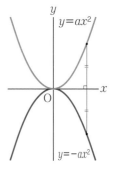

28 aの値の求め方
比例定数aの値

$y = ax$ や $y = \dfrac{a}{x}$ では、1組の x と y の値がわかれば、それを**代入する**ことで、比例定数 a の値が求められたね。関数 $y = ax^2$ でも、同じようにして a の値が求められるよ。a の値がわかれば、x と y の値が他にも求められるね。

1 $y = ax^2$のaの値を求める

これが大事！

① x と y の値を代入して a の値を求める。

関数 $y = ax^2$ で、$x = 4$ のとき $y = 32$ である。

$y = ax^2$ に $x = 4$, $y = 32$ を代入すると、

$$32 = a \times 4^2$$
$$32 = 16a$$

したがって、$a = 2$

例 y は x の 2 乗に比例し、$x = 2$ のとき 12 であるとき、

[ア] □ に、$x = 2$, $y = 12$ を代入すると、

$$12 = a \times 2^2$$
$$12 = \boxed{} \text{[イ]}$$

したがって、$a = \boxed{}$ [ウ]

②**グラフ上の点**から、a の値を求める。

関数 $y = ax^2$ のグラフ上に点 $(-2, -8)$ があるとき、

$y = ax^2$ に $x = -2$, $y = -8$ を代入すると、

$$-8 = a \times (-2)^2$$
$$-8 = 4a$$

したがって、$a = -2$

例 関数 $y = ax^2$ のグラフ上に点 $(3, -9)$ があるとき、

$y = ax^2$ に $x = 3$, $y = -9$ を代入すると、

$$-9 = a \times 3^2$$
$$-9 = \boxed{} \text{[エ]}$$

したがって、$a = \boxed{}$ [オ]

> $y = ax^2$ の a を求めるには、**1組のxとy**の値がわかればいいんだね。

ゼッタイ！これだけ

グラフ上の 1 点がわかれば…
関数 $y = ax^2$ のグラフ上の、原点以外の 1 点の座標がわかれば、その値を $y = ax^2$ に代入して、a の値が求められる。

答え [ア] $y = ax^2$ [イ] $4a$ [ウ] 3
[エ] $9a$ [オ] -1

練習問題 →解答は別冊 p.14

❶ 次の場合, x と y の関係を式に表しなさい。

(1) y は x の2乗に比例し, $x=2$ のとき 12 である。

よし, いける！

(2) y は x の2乗に比例し, $x=-3$ のとき -36 である。

❷ 関数 $y=ax^2$ のグラフが点 $(4, 8)$ を通るとき, 次の問いに答えなさい。

(1) a の値を求めなさい。

(2) 関数 $y=ax^2$ 上の点 P の x 座標が -3 であるとき, 点 P の y 座標を求めなさい。

(3) 関数 $y=ax^2$ 上の点 Q の y 座標が 18 であるとき, 点 Q の x 座標を求めなさい。

どうしても解けない場合は $y=ax^2$ へGo! p.62

$y=ax^2$の比例定数

$y=ax$ → a は, 比例定数で, 変化の割合です。

$y=ax^2$ → a は, 比例定数ですが, 変化の割合ではありません。

こっちは a ずつ増える

こっちは a ずつ増えない

29 yの値は増える？ 減る？

関数 $y=ax^2$ の値の増減

なぜ学ぶの？

関数 $y=ax^2$ のグラフの形や比例定数 a の求め方はもうわかったよね。ここでは，グラフを見て，x と y が**どのように変化する**のかがわかるようになるよ。

aの値の正負と，関数 $y=ax^2$ の値の増減

これが大事！ $a>0$ 場合

① $x<0$ の範囲では，x の値が増加すると y の値は**減少**する。

② $x>0$ の範囲では，x の値が増加すると y の値は**増加**する。

③ $x=0$ のとき，y の値は **0** で，**最小**となる。

$a<0$ の場合

① $x<0$ の範囲では，x の値が増加すると y の値は**増加**する。

② $x>0$ の範囲では，x の値が増加すると y の値は**減少**する。

③ $x=0$ のとき，y の値は **0** で，**最大**となる。

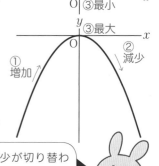

0 を境目として，増加と減少が切り替わるんだね。

例 $y=2x^2$ の値

$x<0$ の範囲では，x の値が増加するにつれて，y の値は [ア]〔　〕し，

$x>0$ の範囲では，x の値が増加するにつれて，y の値は [イ]〔　〕します。

例 $y=-2x^2$ の値

$x<0$ の範囲では，x の値が増加するにつれて，y の値は [ウ]〔　〕し，

$x>0$ の範囲では，x の値が増加するにつれて，y の値は [エ]〔　〕します。

関数 $y=ax^2$ の増減

$y=ax^2$ では，

● $a>0$ の場合，$x=0$ で最小値になる。

● $a<0$ の場合，$x=0$ で最大値になる。

答え [ア] 減少　[イ] 増加　[ウ] 増加
[エ] 減少

式の計算

平方根

2次方程式

関数 $y=ax^2$

相似な図形

円の性質

三平方の定理

標本調査

練習問題 →解答は別冊 p.14

① 関数 $y=-x^2$ について，x の値が増加するにつれて y の値が増加するのは，$x>0$ の範囲ですか，$x<0$ の範囲ですか。
また，$x=0$ のときの y の値を求めなさい。

② 関数 $y=\dfrac{1}{5}x^2$ について，x の値が減少するにつれて y の値が増加するのは，$x>0$ の範囲ですか，$x<0$ の範囲ですか。
また，$x=0$ のときの y の値を求めなさい。

③ $x>0$ の範囲で，x の値が増加すると y の値も増加する関数を，次の ㋐〜㋑ の中から選び，記号で答えなさい。

㋐ $y=2x^2$　　㋑ $y=3x-2$

㋒ $y=-\dfrac{6}{x}$　　㋓ $y=-\dfrac{1}{2}x^2$

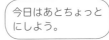
今日はあとちょっとにしよう。

どうしても解けない場合は
$y=ax^2$ のグラフへGo! **p.66**

これも！プラス **$y=ax+b$ の増減はどうだった？**

1次関数 $y=ax+b$ では，

・$a>0$ の場合
　x の値が増加するにつれて，y の値も増加します。
・$a<0$ の場合
　x の値が増加するにつれて，y の値は減少します。

$y=ax^2$ のように，増加から減少，減少から増加と変化することはありません。

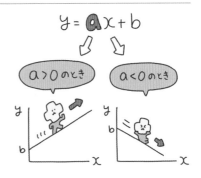

30 yの値はどこからどこまで？

xの変域，yの変域

なぜ学ぶの？

29 では，関数 $y = ax^2$ で，x の変域に制限がなければ，x がどんな値をとっても，$a > 0$ のとき $y \geqq 0$，$a < 0$ のとき $y \leqq 0$ であることを学んだね。ここでは，**x の変域に制限のある場合について学べる**よ。

1 xの変域が0をふくまない場合

関数 $y = \dfrac{1}{2}x^2$ $(2 \leqq x \leqq 4)$ について考える。

これが大事！
この関数のグラフは，右の図の放物線の実線部分になる。グラフから，

$2 \leqq x \leqq 4$ では，

y の値は 2 から 8 まで増加する。

よって，y の変域は，$2 \leqq y \leqq 8$

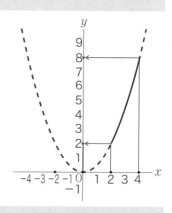

注意 x の変域が 0 をふくまない場合は，x が変域の端の値のとき，y は最小値・最大値のいずれかになる。

2 xの変域が0をふくむ場合

関数 $y = -\dfrac{1}{4}x^2$ $(-6 \leqq x \leqq 3)$ について考える。

これが大事！
この関数のグラフは，右の図の放物線の実線部分になる。グラフから，

・$-6 \leqq x \leqq 0$ では，

y の値は $\boxed{}^{[ア]}$ から 0 まで増加する。

・$0 \leqq x \leqq 3$ では，

y の値は 0 から $\boxed{}^{[イ]}$ まで減少する。

よって，y の変域は，

$\boxed{}^{[ウ]} \leqq y \leqq \boxed{}^{[エ]}$

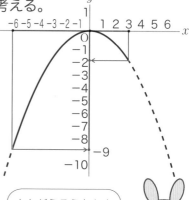

注意 y が最大になるのは，$x = 3$ のときではなく，$x = 0$ のときであることに注意。

まちがえそうなときは，簡単なグラフをかいてみよう。

ゼッタイ！これだけ **グラフと y の変域**
x の変域が 0 をふくむときは，$y = 0$ が最大値か最小値になる。

答え [ア] -9 [イ] $-\dfrac{9}{4}$ [ウ] -9

[エ] 0

練習問題 →解答は別冊 p.14

❶ 関数 $y=3x^2$ について，次の問いに答えなさい。

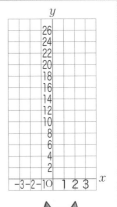

(1) グラフをかきなさい。

(2) x の変域が $1 \leqq x \leqq 2$ のときの y の変域を求めなさい。

(3) x の変域が $0 \leqq x \leqq 3$ のときの y の最小値と最大値を求めなさい。

いや〜うっかり★

❷ 関数 $y=-\dfrac{1}{2}x^2$ について，次の問いに答えなさい。

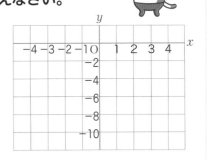

(1) グラフをかきなさい。

(2) x の変域が $-2 \leqq x \leqq 4$ のときの y の変域を求めなさい。

(3) x の変域が $-4 \leqq x \leqq -2$ のときの y の最小値と最大値を求めなさい。

どうしても解けない場合は
関数 $y=ax^2$ の値の増減へGo! **p.70**

 ## 関数 $y=ax^2$ の最大値と最小値

関数 $y=ax^2$ で，x の変域が $-2 \leqq x \leqq 5$ の場合，
・$a>0$ のとき，y の最小値は 0，y の最大値は $25a$。
・$a<0$ のとき，y の最大値は 0，y の最小値は $25a$。

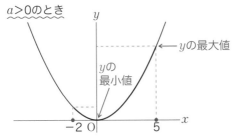

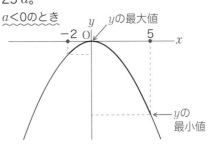

31 変化の割合は1次関数と同じ？

y の増加量／x の増加量

なぜ学ぶの？ 1次関数 $y=ax+b$ で，変化の割合は一定で，a に等しいことを学んだね。関数 $y=ax^2$ についても，変化の割合は同じように求められて，一定の値なのかな？ それを知るために学ぼう。

1 関数 $y=ax^2$ の変化の割合

これが大事！ 変化の割合 $=\dfrac{y \text{ の増加量}}{x \text{ の増加量}}$

関数 $y=3x^2$ について，x の値が 1 から 4 まで増加するとき，右の表より，x の増加量が，$4-1=3$
y の増加量が，$3\times4^2-3\times1^2=48-3=45$ だから，

変化の割合は，$\dfrac{45}{3}=15$ ← 2点 (1, 3), (4, 48) を通る直線の傾きとなっている。

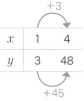

x	1	4
y	3	48

例 関数 $y=3x^2$ について，x の値が -2 から 0 まで増加するとき，変化の割合は，

x	-2	0
y	12	0

変化の割合 $=\dfrac{0-12}{0-(-2)}=\dfrac{[ア]}{[イ]}=[ウ]$

x の値が 1 から 4 まで増加するときと，-2 から 0 まで増加するとき，変化の割合は一致しない。すなわち，変化の割合は一定でない。

2 平均の速さ

> 1次関数は変化の割合が一定だけれど，$y=ax^2$ は一定ではないんだね。

これが大事！ 平均の速さ $=\dfrac{\text{進んだ距離}}{\text{進んだ時間}}$

ある斜面をボールが転がるとき，転がり始めてからの x 秒間に y m 転がるとすると，$y=\dfrac{2}{3}x^2$ という関係がある。ボールが転がり始めて 3 秒後から 6 秒後までの平均の速さは，右の表より，

$\dfrac{24-6}{6-3}=6 \rightarrow$ 秒速 6 m

x	3	6
y	6	24

変化の割合と同じ求め方になっている。

これだけ 変化の割合 $=\dfrac{y \text{ の増加量}}{x \text{ の増加量}}$

答え [ア] -12 [イ] 2 [ウ] -6

練習問題

 →解答は別冊 p.15

❶ 関数 $y=2x^2$ について，x が 1 から 4 まで増加するときの変化の割合を求めなさい。

❷ 関数 $y=-3x^2$ について x の値が -5 から -2 まで増加するときの変化の割合を求めなさい。

❸ ジェットコースターが斜面をおり始めてから，x 秒間に進む距離を y m とするとき，$y=2x^2$ の関係が成り立つとします。このジェットコースターが，おり始めて 2 秒後から 4 秒後までの間の平均の速さを求めなさい。

> **どうしても解けない場合は**
> 関数$y=ax^2$の値の増減
> へGo！　**p.70**

これも！プラス ## 増加のようすと変化の割合

x の値が 1 増えたときの y の増加量は，
・1 次関数 $y=ax$ では，a で一定です。したがって，**変化の割合は一定です。**
・関数 $y=ax^2$ では，一定ではありません。したがって，**変化の割合は一定ではありません。**

例

	$x=1$	$x=2$	$x=3$
$y=2x$	$y=2$	$y=4$	$y=6$
$y=2x^2$	$y=2$	$y=8$	$y=18$

> $y=2x$ において，x が 1 増えると，y は 2 増えるので，一定。

+6　　+10

> $y=2x^2$ において，x が 1 増えるときの y の増加量は？
> x が 1 から 2 まで増加→y：$8-2=6$　　x が 2 から 3 まで増加→y：$18-8$ $=10$

式の計算

平方根

2次方程式

関数$y=ax^2$

相似な図形

円の性質

三平方の定理

標本調査

32 関数 $y=ax^2$ の文章題を解こう

$y=ax^2$ の利用

なぜ学ぶの？

ノート x 冊と消しゴム 1 個の代金を求めるときのように，1 次関数は日常生活でも使える場合が多かったね。関数 $y=ax^2$ も，日常生活の中にあるんだよ。

1 物体の落下

これが大事！ 物体が落下してから x 秒後の落下した距離 y は，$y=4.9x^2$ で表される。

例 物体が落下し始めてから 10 m 落下する時間は，

$y=4.9x^2$ に $y=10$ を代入して，

$$10=4.9 \times x^2 \rightarrow x=\pm\sqrt{\frac{10}{4.9}}=\pm\sqrt{\frac{100}{49}}=\pm\frac{10}{7}$$

x は時間で，$x \geqq 0$ だから，求める時間は， $\boxed{[ア] }$ （秒）

2 ふりこの長さと周期

これが大事！ ふりこが 1 往復するのにかかる時間を**周期**という。
周期は，おもりの重さやふれ幅に関係なく一定で，
周期 x 秒のふりこの長さを y m とすると，

$$y=\frac{1}{4}x^2 \text{ という関係がある。}$$

ふりこの長さ

おもり

ふれ幅

例 ふりこの長さが 2 m のふりこの周期は，

$y=\frac{1}{4}x^2$

に $y=2$ を代入すると，

$$2=\frac{1}{4}x^2 \rightarrow x^2=8 \rightarrow x=\pm2\sqrt{2}$$

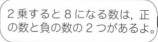

2 乗すると 8 になる数は，正の数と負の数の 2 つがあるよ。

x は周期で，$x \geqq 0$ なので，周期は $\boxed{[イ]}$ （秒）

ゼッタイ！これだけ

- 文章題では，x と y の関係を $y=ax^2$ として，x の値または y の値を求める。
- x の値を求めるときは，$x \geqq 0$ の場合が多いので，文章をよく読んで判断する。

答え [ア] $\dfrac{10}{7}$　[イ] $2\sqrt{2}$

練習問題 →解答は別冊 p.15

❶ 1往復するのに x 秒かかるふりこの長さを y m とすると，$y = \dfrac{1}{4}x^2$ の関係があります。

(1) 1往復するのに2秒かかるふりこの長さを求めなさい。

わ，忘れたんじゃないよ。思い出せないだけ。

(2) 長さが $\dfrac{9}{4}$ m のふりこが，1往復するのにかかる時間を求めなさい。

❷ ある電車が駅を出てから100秒後までは，x 秒間に $\dfrac{1}{3}x^2$ m 進みます。この電車が出発して30秒後から60秒後までの平均の速さを求めなさい。

❸ ブレーキがきき始めてから，停止するまでの自動車が動く距離を制動距離といいます。自動車が時速 x km で走るときの制動距離を y m とするとき，$y = 0.005x^2$ で表されます。制動距離が18mのとき，自動車の速さを求めなさい。

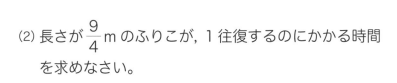

停止位置　　ブレーキがきき始めた位置
←―― 制動距離 ――→

どうしても解けない場合は
2次方程式の利用へGo！　p.58

 単位に注意！

制動距離の問題では，「時速〇km」，「制動距離□m」のように，kmとmが混じっている場合があるので，誤りやすいです。単位に注意しましょう。

33 放物線と直線が交わると…

放物線と直線

なぜ学ぶの？

1次関数では，直線と直線が交わるときの，座標軸と直線がつくる三角形の面積を求めたね。ここでは，**直線と放物線がつくる三角形の面積**が求められるようになるよ。

1 放物線と直線がつくる三角形の面積の求め方

例 右の図のように，関数 $y=x^2$ のグラフ上に，2点 A, B があります。A, B の x 座標は，それぞれ，-1, 2 です。また，直線 AB と y 軸との交点を C とします。

これが大事！

手順①　2点 A, B の座標を求める

A $(-1, p)$, B $(2, q)$ とする。A, B は関数 $y=x^2$ のグラフ上にあるから，

$$p=(-1)^2=1,\ q=2^2=\boxed{}^{[ア]}$$

だから，A $(-1, 1)$, B $(2, \boxed{}^{[イ]})$

手順②　2点 A, B を通る直線の式を求める

直線 AB の傾きは，$\dfrac{4-1}{2-(-1)}=\dfrac{3}{3}=\boxed{}^{[ウ]}$

直線 AB の式を $y=x+b$ として，点 A $(-1, 1)$ を通るから，

$$1=\boxed{}^{[エ]}+b\qquad これより，b=\boxed{}^{[オ]}$$

よって，直線の式は，$y=x+2$

手順③　△OAB の面積を求める

線分 OC を底辺とすると，△AOC の**高さは，点 A の x 座標の値 -1 の絶対値 1** だから，

$$△AOC=\dfrac{1}{2}×2×1=\boxed{}^{[カ]}$$

同様に，OC を底辺とし，点 B の x 座標の値を高さとすると，△BOC$=\boxed{}^{[キ]}$

よって，△OAB$=$△AOC$+$△BOC

$$=\boxed{}^{[カ]}+\boxed{}^{[キ]}=\boxed{}^{[ク]}$$

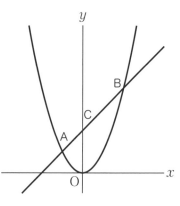

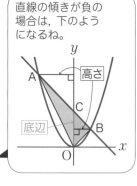

直線の傾きが負の場合は，下のようになるね。

ゼッタイ！これだけ

放物線と直線がつくる三角形の面積
①交点の座標を求める。
②y 軸で2つの三角形に分割する。

練習問題 →解答は別冊 p.15

1 右の図のように，関数 $y=x^2$ のグラフ上に，2点 A，B があります。A，B の x 座標が，それぞれ−2，1 であるとき，次の問いに答えなさい。

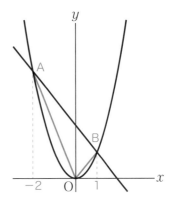

(1) 2点 A，B を通る直線の式を求めなさい。

(2) △AOB の面積を求めなさい。

2 右の図のように，関数 $y=\dfrac{1}{2}x^2$ のグラフ上に，2点 A，B があります。A，B の x 座標が，それぞれ−1，2 であるとき，次の問いに答えなさい。

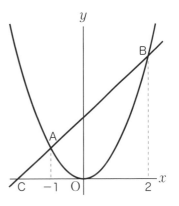

(1) 2点 A，B を通る直線の式を求めなさい。

(2) 直線 AB が x 軸と交わる点を C とするとき，△BCO の面積を求めなさい。

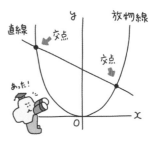

次こそカンペキをめざす！

これも！プラス 交点の座標の値はグラフの式を成り立たせる

直線と放物線が交わる場合，交点の x 座標，y 座標の値を，**直線の式に代入しても，放物線の式に代入しても**，等号が成り立ちます。

式の計算
平方根
2次方程式
関数 $y=ax^2$
相似な図形
円の性質
三平方の定理
標本調査

おさらい問題

❶ 次の場合, x と y の関係を式に表しなさい。

(1) y は x の 2 乗に比例し, $x=6$ のとき $y=12$ である。

(2) y は x の 2 乗に比例し, $x=2$ のとき $=-8$ である。

❷ 関数 $y=2x^2$ について, x の変域が次のときの y の変域を求めなさい。

(1) $1 \leqq x \leqq 3$

(2) $-3 \leqq x \leqq 2$

❸ 右の図は, 4つの関数
$y=2x^2$
$y=-x^2$
$y=\dfrac{1}{4}x^2$
$y=-\dfrac{1}{3}x^2$
のグラフを, 同じ座標軸を使ってかいたものです。
①〜④は, それぞれどの関数のグラフになっていますか。

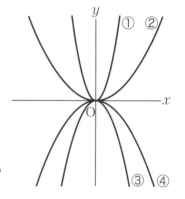

④ 関数 $y=\dfrac{1}{2}x^2$ について，x の値が次のように変化するときの変化の割合を求めなさい。

(1) 2 から 4 まで

(2) −4 から −2 まで

⑤ 時速 x km で走っている自動車でブレーキをかけたとき，ブレーキがきき始めてから自動車が止まるまでに y m 進むとすると，y は x の 2 乗に比例するといいます。時速 40 km で走っている自動車が，ブレーキがきき始めてから止まるまでに 12 m 進むとき，次の問いに答えなさい。

(1) y を x の式で表しなさい。

(2) この自動車が時速 60 km で走っていてブレーキをかけたとき，ブレーキがきき始めてから止まるまでに進む距離を求めなさい。

⑥ 右の図のように，関数 $y=x^2$ のグラフ上に，2 点 A，B があります。A，B の x 座標が，それぞれ −1，3 であるとき，次の問いに答えなさい。

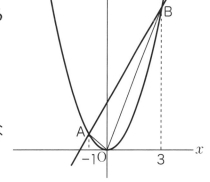

(1) 2 点 A，B の座標を求めなさい。

(2) 2 点 A，B を通る直線の式を求めなさい。

(3) △AOB の面積を求めなさい。

式の計算
平方根
2次方程式
関数 $y=ax^2$
相似な図形
円の性質
三平方の定理
標本調査

34 相似って何だろう？
形が同じで大きさが異なる図形

小学校で「拡大図と縮図」を学んだね。ここからは，それを発展させた内容を学ぶよ。**形が同じで，大きさの異なる図形**の数学的な表し方や，その性質がわかるんだ。

1 相似な図形とは

これが大事！ 形が同じで大きさが異なる2つの図形は**相似**であるという。

・△ABC と△A′B′C′ が相似であることを**記号∽**を使って，

　　△ABC ∽△A′B′C′

のように表す（△ABC 相似△A′B′C′ と読む）。

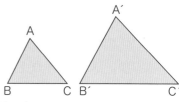

2 相似な図形の性質

これが大事！
①相似な図形では，対応する**線分の長さの比**は，すべて等しい。
②相似な図形では，対応する**角の大きさ**は，それぞれ等しい。

例 四角形 ABCD ∽四角形 EFGH ならば，
AB：EF＝BC：FG＝CD：GH＝DA：HE
∠A＝∠E，∠B＝F，∠C＝∠G，∠D＝∠H

・相似な2つの図形で，対応する線分の長さの比を**相似比**といいます。

例 △ABC ∽△DEF のとき，

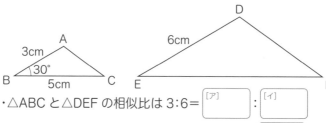

> 相似比として，比の値を用いることがあるよ。
> 左の例では△ABC の△DEF に対する相似比は $\frac{1}{2}$ となるよ。

・△ABC と△DEF の相似比は 3：6＝[ア]：[イ]

・辺 EF の長さは，1：2＝5：EF だから，辺 EF＝[ウ] cm

・∠E の大きさは，[エ] °

> **ゼッタイ！これだけ** 形が同じで大きさの異なる2つの図形は相似である。

練習問題 →解答は別冊 p.17

❶ △ABC ∽△A´B´C´ のとき，次の □ にあてはまる記号を答えなさい。

(1) AB:A´B´＝BC: $\boxed{}^{[ア]}$

        ＝CA: $\boxed{}^{[イ]}$

(2) ∠A＝∠A´，∠B＝∠B´，

   ∠$\boxed{}^{[ウ]}$＝∠C´

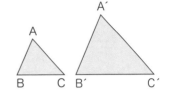

❷ 次の図で，四角形 ABCD ∽四角形 EFGH であるとき，下の問いに答えなさい。

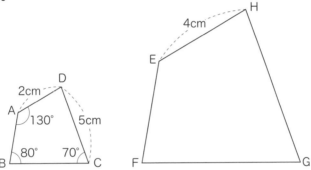

(1) 四角形 ABCD と四角形 EFGH の相似比を求めなさい。ただし，比は最も簡単な整数の比で表しなさい。

(2) 辺 HG の長さを求めなさい。

(3) ∠H の大きさを求めなさい。

これも！ プラス　比の性質

- $m:n$ のとき，m, n に同じ数をかけても，m, n を同じ数でわっても，比は等しいです。
- $a:b=c:d$ ならば，$ad=bc$ （比の性質）

83

35 三角形が相似になるには
三角形の相似条件

なぜ学ぶの？

2つの三角形の形が同じように見えるとき，相似であるための条件を学ぶことによって，本当に同じ形かどうかが確かめられるようになるんだ。

1 三角形の相似条件は3つ

2つの三角形は，次の場合に相似である。

これが大事！ 相似条件① **3組の辺の比が，すべて等しいとき**

例 AB：A′B′＝BC：B′C′＝CA：[ア] ⬚

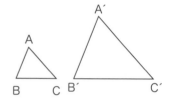

これが大事！ 相似条件② **2組の辺の比とその間の角が，それぞれ等しいとき**

例 AB：A′B′＝BC：B′C′，∠B＝∠[イ] ⬚

確かめるのは，他の2辺とその間の角でもいいよね。たとえば，
ABとA′B′，CAとC′A′，
∠Aと∠A′でもOK！

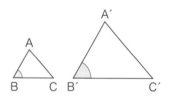

これが大事！ 相似条件③ **2組の角が，それぞれ等しいとき**

例 ∠B＝∠B′，∠C＝[ウ] ⬚

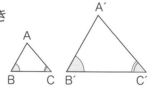

●**三角形の相似条件**
① 3組の辺の比が，すべて等しいとき
② 2組の辺の比とその間の角が，それぞれ等しいとき
③ 2組の角が，それぞれ等しいとき

答え [ア]C′A′ [イ]B′ [ウ]∠C′

練習問題 →解答は別冊 p.17

❶ 下の㋐〜㋖の三角形を相似な三角形の組に分けなさい。また, そのとき使った相似条件を答えなさい。

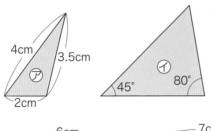

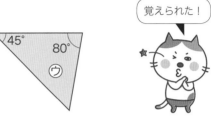

覚えられた！

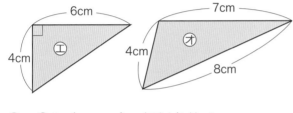

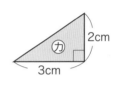

① ㋐と（　　　）　相似条件：[　　　　　　　　　　　　　　　　　]
② ㋑と（　　　）　相似条件：[　　　　　　　　　　　　　　　　　]
③ ㋓と（　　　）　相似条件：[　　　　　　　　　　　　　　　　　]

❷ 右の図について, △ABC と相似な三角形を答えなさい。また, そのとき使った相似条件を答えなさい。

式の計算

平方根

２次方程式

関数$y=ax^2$

相似な図形

円の性質

三平方の定理

標本調査

三角形の合同条件

２年生で学んだ三角形の合同条件をもう一度確認し, 相似条件との違いを理解しましょう。
① ３組の辺が, それぞれ等しいとき
② ２組の辺とその間の角が, それぞれ等しいとき
③ １組の辺とその両端の角が, それぞれ等しいとき

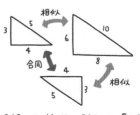

36 2つの三角形は相似？
相似の証明

相似は「形が同じ」で, 合同は「形と大きさが同じ」だったね。次は, 相似の証明だよ。相似の証明も合同のときと同じようにできるんだ。ここではそのステップを身につけるよ。

1 相似の証明

相似の証明は, 3つの相似条件のうちのどれが使えるかを考えて行う。証明の手順は次のとおり。

これが大事!

手順① 「△●●●と△■■■において,」を書く。

手順② 「仮定より,」と書き, 相似条件となる等しい関係を書く。

手順③ 3つの相似条件のどれを満たしているかを示し,「△●●●∽△■■■」を導く。

例 右の図のように, 直角三角形 ABC の頂点 A から辺 BC に垂線をひき, 辺 BC との交点を D とします。
このとき, △ABC ∽△DBA を証明しましょう。

[証明] △ABC と△DBA において,
仮定より,

∠BAC＝∠[ア]　　＝90°　…①

共通な角だから,

∠CBA＝∠[イ]　　…②

①, ②より, [ウ]　　から,

△ABC ∽△[エ]　　　↑相似条件が入る。

注意 頂点Aと頂点D, 頂点Bと頂点B, 頂点Cと頂点A が対応している。証明の中の頂点も, 対応する順に並ぶようにする。

△ABC	∠BAC	∠CBA
△DBA	∠BDA	∠ABD

対応する頂点を順に書こう。

答え [ア]BDA [イ]ABD
[ウ] 2組の角がそれぞれ等しい
[エ]DBA

相似の証明は, 3つの相似条件のうちのどれが使えるかを考えたうえで, 手順にしたがって行う。

練習問題 →解答は別冊 p.17

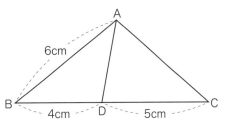

❶ 右の図のように, △ABC の辺 BC 上に点 D をとり, BD＝4 cm, DC＝5 cm とします。
AB＝6 cm のとき, △ABC ∽△DBA を次のように証明しました。

⬚ にあてはまる記号やことばを答えなさい。

[証明] △ABC と△DBA において,

AB：DB＝6：4＝ ⬚[ア] ←最も簡単な整数の比

BC：BA＝(4＋5)：6＝ ⬚[イ] ←最も簡単な整数の比

よって, AB：DB＝BC：BA …①
共通な角だから,
∠ABC＝∠DBA …②

①, ②より, ⬚[ウ] から,

△ABC ∽△DBA

❷ △ABC と△DEF があります。AB＝6 cm, BC＝9 cm, DE＝4 cm, EF＝6 cm, ∠B＝∠E のとき, 次の問いに答えなさい。

(1) △ABC ∽△DEF である理由を答えなさい。

(2) △ABC と△DEF の相似比を求めなさい。

(3) AC＝8 cm のとき, DF の長さは何 cm ですか。

今日は
ここまで〜★

これも！プラス 相似比から辺の長さを求める

相似な図形で, 長さのわからない辺は, 右の図のような手順で求めます。

他の組の辺の長さから
相似比を求める

相似比を自分の
組にあてはめる

＼ゴール！／

自分の組の
辺の長さがわかる

式の計算

平方根

２次方程式

関数 y＝ax²

相似な図形

円の性質

三平方の定理

標本調査

37 平行線があると線分の比がわかる

平行線と線分の比

なぜ学ぶの? 三角形の1辺と平行な直線をひくと，2つの三角形ができるね。同位角は等しいから，2つの三角形は相似な三角形なんだ。ここでは，**平行線と線分の比の関係**がわかるよ。

1 平行線と線分の比

 右の図で，　PQ∥BC ならば，
　　① AP:AB＝AQ:AC＝PQ:BC
　　② AP:PB＝AQ:QC

例 右の図で，PQ∥BC のとき，
②より，$4:x=5:10$
　　　　$5x=4\times10$
　　　　$x=\boxed{}^{[ア]}$

①より，$5:(5+10)=3:y$
　　　　$5y=15\times3$
　　　　$y=\boxed{}^{[イ]}$

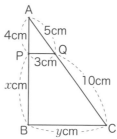

平行線があると，相似な図形ができやすいんだね。

2 平行線にはさまれた線分の比

 右の図で，3直線 p, q, r が平行であるとき，
① $a:b=a':b'$
② $a:a'=b:b'$

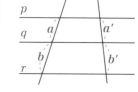

例 右の図で，直線 p, q, r が平行であるとき，
②より，$x:4=6:8$
　　　　$8x=4\times6$
　　　　$x=\boxed{}^{[ウ]}$

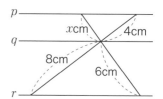

● 図1で，PQ∥BC ならば，
① AP:AB＝AQ:AC＝PQ:BC
② AP:PB＝AQ:QC
● 図2で，3直線 p, q, r が平行であるとき，
① $a:b=a':b'$
② $a:a'=b:b'$

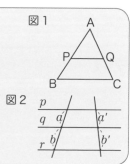
図1
図2

練習問題 →解答は別冊 p.17

❶ 次の図で，BC∥PQ のとき，x, y の値を求めなさい。

(1)
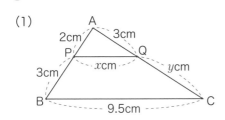

(2)
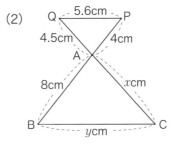

❷ 次の図で，直線 p, q, r が平行であるとき，x, y の値を求めなさい。

(1)
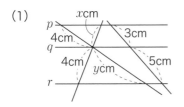

(2)
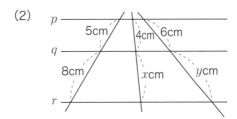

❸ 右の図の△ABC で，AD が∠A の二等分線であるとき，次の問いに答えなさい。

(1) BA の延長と，点 C を通り AD に平行な直線との交点を E とすると，
△ACE は二等辺三角形である。(証明は別冊 p.18 参照)

よって，AE＝[ア]　　　…①

平行線と線分より，AB：AE＝BD：[イ]

①より，AB：[ア]　　＝BD：[イ]

そうそう，ここがわからないんだよねー。

(2) AB＝9 cm，BC＝10 cm，CA＝6 cm のとき，
BD の長さを求めなさい。

角の二等分線がつくる線分の比

△ABC で，∠A の二等分線が辺 BC と交わる点を D とすると，
AB：AC＝BD：DC　(証明は別冊 p.18 参照)

式の計算

平方根

2次方程式

関数$y=ax^2$

相似な図形

円の性質

三平方の定理

標本調査

38 線分の比が等しければ平行？
線分の比と平行線の関係

37 では，平行線で区切られた線分の比は等しいことを学んだよね。ここでは
その逆も成り立つかを調べ，その利用のしかたを身につけるんだ。

1 線分の比と平行線

右の図で，

これが大事！
① AP:AB=AQ:AC ならば，PQ∥BC
② AP:PB=AQ:QC ならば，PQ∥BC

参考 AP:AB と AQ:AC（または，
AP:PB と AQ:QC）が等しくなければ，PQ∥BC ではない。

線分の比が等しければ，平行なんだね。

例 右の△ABC の辺 AB, BC, CA と平行な線分は？
AF:FB=11:9, BD:DC=12:15=4:5
CE:EA=20:16=5:4

②より，CD:DB=CE:[ア]

よって，DE は辺[イ]に平行です。

別解 AF:AB, BD:BC, CE:CA を調べて，①を使っても OK。

2 平行線と線分の比を利用した拡大図，縮小図

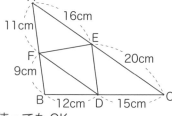

これが大事！
右の図のようにして，△ABC を 2 倍に
拡大した三角形を作図することができる。

理由 △OAC で，OA:OA′=1:2
OC:OC′=1:2
よって，上の①より，AC∥A′C′
また，p.88 の 1 の①より，AC:A′C′=1:2
同様に，AB:A′B′=1:2, BC:B′C′=1:2

したがって，△ABC と △A′B′C′ の相似比は[ウ]

すなわち，△A′B′C′ は△ABC の 2 倍の拡大図である。

 ゼッタイ！これだけ
右の図で，
① AP:AB=AQ:AC ならば，PQ∥BC
② AP:PB=AQ:QC ならば，PQ∥BC

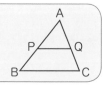

答え [ア]EA
[イ]AB
[ウ] 1:2

練習問題 →解答は別冊 p.18

❶ 次の図において，PQ∥BC となるような x の値を求めなさい。

(1)
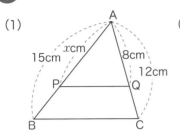

(2)
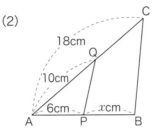

(3)
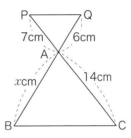

❷ 次の (1)，(2) の図で，それぞれ点 O を中心として，(1) は△ABC を $\dfrac{1}{2}$ に縮小した△A′B′C′ を，(2) は四角形 DEFG を 2 倍に拡大した四角形 D′E′F′G′ をかきなさい。

(1)
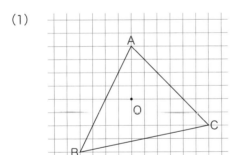

(2)
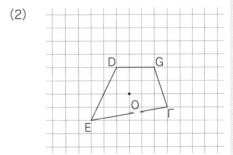

わかった…はず！

これも！プラス　2つの図形の相似比

相似な図形では，図形のまわりの長さの比も相似比に等しいです。

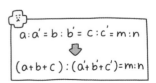
$a:a' = b:b' = c:c' = m:n$
⬇
$(a+b+c):(a'+b'+c')=m:n$

39 2辺の中点を結ぶと何がわかる？
中点連結定理

なぜ学ぶの？ ここでは，三角形の2辺の中点を結んだ線分の性質について学ぶよ。**中点連結定理**といって，とてもシンプルな定理なんだ。三角形だけでなく，台形でも使える場合があるよ。

1 中点連結定理

 △ABC の2辺 AB，AC の中点を，それぞれ，M，N とすると，

$$MN \parallel BC, \quad MN = \frac{1}{2}BC$$

これを**中点連結定理**という。

（証明は別冊 p.19）

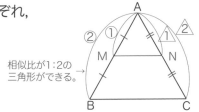

相似比が1:2の三角形ができる。→

例 右の図の△ABC で，点 D，E，F がそれぞれ，辺 AB，BC，CA の中点であるとき，

$$EF = \frac{1}{2}AB = \boxed{} \text{ (cm)}$$

$$FD = \frac{1}{2}BC = 5 \text{ (cm)}$$

$$DE = \frac{1}{2}CA = 3 \text{ (cm)}$$

よって，△DEF の周の長さは，

$$DE + EF + FD = \boxed{} \text{ (cm)}$$

また，

AB:EF＝BC:FD＝CA:DE＝2:1

と，3組の辺の比がすべて等しいから，

$$△ABC \backsim △\boxed{}$$

例では，DF∥BE，DF＝BE だから，
四角形 DBEF は平行四辺形だよ。
四角形 DECF，ADEF も平行四辺形だね。

 △ABC の2辺 AB，AC の中点をそれぞれ，M，N とすると，

$$MN \parallel BC, \quad MN = \frac{1}{2}BC$$

が成り立つ。これを中点連結定理という。

答え [ア] 4 [イ] 12 [ウ] EFD

練習問題 →解答は別冊 p.19

❶ 四角形 ABCD の辺 AB, BC, CD, DA の中点を, それぞれ, P, Q, R, S とします。このとき, 四角形 PQRS は平行四辺形になることを, 次のように証明しました。

□ にあてはまる記号やことばを書いて, 証明を完成させなさい。

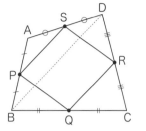

[証明] 対角線 BD をひく。△ABD で, 点 P, S はそれぞれ辺 AB, AD の

[ア] □ だから, 中点連結定理より, PS∥BD, PS= [イ] □ …①

同じように, △ [ウ] □ で, QR∥BD, QR= [エ] □ …②

①, ②より, PS∥QR, PS= [オ] □

[カ] □ であるので,

四角形 PQRS は平行四辺形である。

わ, わからないよう……。

❷ AD∥BC である台形 ABCD の 2 辺 AB, CD の中点を, それぞれ E, F とし, AF の延長が BC の延長と交わる点を G とします。

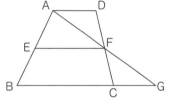

(1) △AFD と合同な三角形はどれですか。

(2) AD＝4 cm, BC＝6 cm のとき, EF の長さを求めなさい。

平行四辺形になるための条件

2 年生で学んだ平行四辺形の条件をもう一度確認しましょう。
① 2 組の向かい合う辺が, それぞれ平行であるとき (定義)
② 2 組の向かい合う辺が, それぞれ等しいとき
③ 2 組の向かい合う角が, それぞれ等しいとき
④対角線が, それぞれの中点で交わるとき
⑤ 1 組の向かい合う辺が, 等しくて平行であるとき

40 面積の比，体積の比はどうなる？

相似な図形の面積比，相似な立体の表面積の比・体積の比

相似な図形の辺の比は相似比に等しかったね。ここでは，相似な図形の**面積の比**，相似な立体の**表面積の比**や**体積の比**がどういう関係なのかがわかるよ。

1 相似な図形の面積の比

 相似比が $m:n$ ならば，**面積の比は $m^2:n^2$**

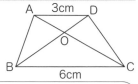

例 右の図の台形 ABCD で対角線の交点を O とします。
　△AOD と△COB は相似で，相似比は
　　$3:6=1:2$ 　　←相似比 $m:n$
　△AOD の面積と△COB の面積の比は
　　$1^2:2^2=$ [ア]□ : [イ]□ 　　←面積の比 $m^2:n^2$

> 2 辺が a, b の長方形の面積は ab
> この長方形の各辺を k 倍すると，
> 2 辺は ka, kb となるから，面積は
> 　$ka×kb=k^2×ab$
> と k^2 倍になる。

2 相似な立体の表面積の比と体積の比

 相似比が $m:n$ ならば，**表面積の比は $m^2:n^2$**
相似比が $m:n$ ならば，**体積の比は $m^3:n^3$**

例 相似比が 2:3 である相似な 2 つの円柱 P, Q があります。
　P の表面積が 64 cm^2，体積が 216 cm^3 のとき，Q の表面積を $x$cm^2，体積を $y$cm^3 とすると，

　　$64:x=2^2:$ [ウ]□^{2} 　　←表面積の比
　　$2^2x=64×9$
　　$x=$ [エ]□
　　$216:y=2^3:$ [オ]□^{3} 　　←体積の比
　　$2^3y=216×27$
　　$y=729$

> 3 辺が a, b, c の直方体の体積は abc
> この直方体の各辺を k 倍すると，ka, kb, kc となるから，体積は，
> 　$ka×kb×kc=k^3×abc$
> と k^3 倍になるよ。

●相似な 2 つの図形で，
　相似比が $m:n$ ならば，**面積の比は $m^2:n^2$**
●相似な 2 つの立体で，
　相似比が $m:n$ ならば，**表面積の比は $m^2:n^2$**
　相似比が $m:n$ ならば，**体積の比は $m^3:n^3$**

答え [ア] 1 [イ] 4 [ウ] 3
[エ] 144 [オ] 3

練習問題 →解答は別冊 p.19

❶ 右の図で，△ABC と△A´B´C´ は相似です。また，AB＝10 cm，A´B´＝4 cm です。次の問いに答えなさい。

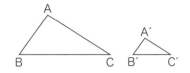

(1) △ABC と△A´B´C´ の相似比を求めなさい。

(2) △ABC と△A´B´C´ の面積の比を求めなさい。

(3) △ABC の面積が 50 cm² のとき，△A´B´C´ の面積を求めなさい。

❷ 右の図の三角錐 A-BCD と三角錐 E-FGH は相似です。次の問いに答えなさい。

(1) 三角錐 A-BCD と三角錐 E-FGH の相似比を求めなさい。

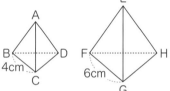

(2) 三角錐 A-BCD の表面積が 32 cm² のとき，三角錐 E-FGH の表面積を求めなさい。

(3) 三角錐 E-FGH の体積が 54 cm³ のとき，三角錐 A-BCD の体積を求めなさい。

今日はがんばった！

どうしても解けない場合は
平行線と線分の比へGO！ p.88

これも！プラス 錐体の切断

辺 OA の中点を通る平面で錐体を切断するとき，頂点 O をふくむほうの体積 V とふくまないほうの体積 $V´$ では，

$$V:V´=1^3:(2^3-1^3)=1:7$$

となります。

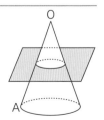

41 木の高さは何メートル？
相似の利用

なぜ学ぶの？

縮図は小学校で学んだよね。ここでは，三角形の相似を利用することで，直接には測れない高さや距離が求められるよ。

1 高さを求める

これが
大事！

三角形の相似を利用して木の高さを求める。

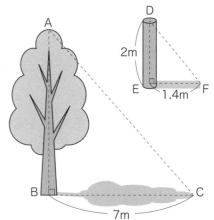

例 木とそのそばにある杭の影の長さを測ったところ，右の図のようになりました。

木の高さは，△ABC ∽ △DEF より，

AB:DE=BC:EF

よって，AB:2=7:1.4

AB×1.4=2×7

AB= [ア]　m

2 距離を求める

これが
大事！

三角形の相似を利用して，2 点間の距離を求める。

例 下の図のように，池をはさむ 2 点 A，B 間の距離を求めるために，△ABC の $\frac{1}{500}$ の縮図△A´B´C´ をかいて，A´B´ の長さを測ったところ，3 cm でした。

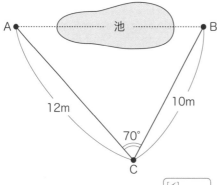

単位を cm にそろえて計算し，最後に m の単位にかえるんだね。

AB 間の距離は，AB=A´B´ × [イ]　=3×500=1500（cm）

1500 cm= [ウ]　m

ゼッタイ！
これ
だけ

縮図をかいて計算すれば，実際の高さや長さが求められる。

練習問題 ➡解答は別冊 p.20

❶ 地点 A を見ることのできる地点 P を決めて，PA，PB の長さと，
∠APB の大きさを測りました。

これをもとに△PAB の $\dfrac{1}{1000}$ の縮図△P′A′B′ をかき，AB の長さ
を求めなさい。

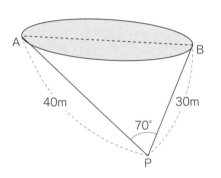

┌─ 縮 図 ─────────┐
│   │
│   │
│   │
└─────────────────┘

❷ 下の図は，校舎から 15 m 離れたところに立って，校舎の上端 Q を見
上げているようすを表しています。ただし，目の高さを 1.5 m とします。

これをもとに，△PQR の $\dfrac{1}{300}$ の縮図△P′Q′R′ をかき，校舎の実際
の高さを求めなさい。

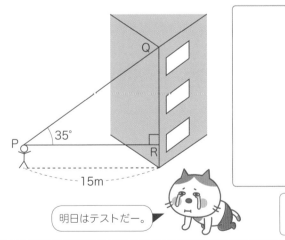

┌─ 縮 図 ─────────┐
│   │
│   │
│   │
└─────────────────┘

明日はテストだー。▶

┌─────────────────────┬──────┐
│ どうしても解けない場合は   │   │
│ 線分の比と平行線の関係へGO!   │ p.90 │
└─────────────────────┴──────┘

これも！プラス　三角形の相似条件の利用

上の❶は「2 辺とその間の角」によって，❷は「1 辺とその両端の角」によって，縮図の三
角形がかけます。

おさらい問題

❶ △ABC ∽ △A´B´C´ で, AB=5 cm, A´B´=3 cm であるとき, 次の問いに答えなさい。

(1) △ABC と △A´B´C´ の相似比を求めなさい。

(2) ∠C=40°のとき, ∠C´ の大きさを求めなさい。

(3) C´A´=6 cm のとき, 辺 CA の長さを求めなさい。

(4) △ABC の面積と △A´B´C´ の面積の比を求めなさい。

❷ 右の図で, ∠ABC=∠DAC, AB=12 cm, AC=8 cm, AD=9 cm です。このとき, 次の問いに答えなさい。

(1) △ABC と △DAC は相似であることを証明しなさい。

(2) △ABC と △DAC の相似比を求めなさい。

(3) 線分 CD の長さを求めなさい。

❸ 下の図で, x, y の値をそれぞれ求めなさい。

(1) PQ∥BC

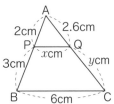

(2) $p \parallel q \parallel r$

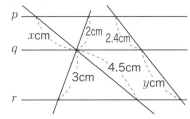

4 右の図の△ABC で, 点 D, E は辺 AB を 3 等分する点で, 点 F は辺 AC の中点です。また, 点 G は, DF と BC をそれぞれ延長した直線の交点です。

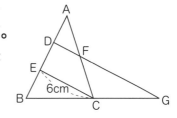

(1) DF の長さを求めなさい。

(2) FG の長さを求めなさい。

5 次の図において, ED∥BC となるような x の値を求めなさい。

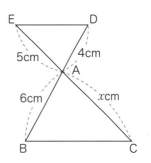

6 相似な 2 つの三角錐 P, Q があり, その高さの比は 2:3 です。

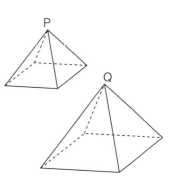

(1) P と Q の表面積の比を求めなさい。

(2) Q の体積が 108 cm^3 のとき, P の体積を求めなさい。

式の計算
平方根
2次方程式
関数 $y=ax^2$
相似な図形
円の性質
三平方の定理
標本調査

42 円周角って何だろう？

円周角の定理

1年生では円の中心角, 接線の性質について学んだけれど, 円の性質はそれ以外にもいろいろあるんだ。ここでは, 円周角とよばれる角について学ぶよ。円周角の定理は, わからない角度を求めるときに大活躍する定理なんだ。

1 円周角と中心角

右の図で,

∠AOB を, $\overset{\frown}{AB}$ に対する**中心角**という。

∠APB を, $\overset{\frown}{AB}$ に対する**円周角**という。

これが大事! **円周角の定理**

① 1つの弧に対する円周角の大きさは, その弧に対する**中心角の大きさの半分**である。

②同じ弧に対する円周角の大きさは等しい。

例 右の図で, 円周角の定理①より,

$$\angle x = \frac{1}{2}\angle AOB = \frac{1}{2} \times \boxed{[ア]}^\circ = \boxed{[イ]}^\circ$$

$$\angle y = \angle x = \boxed{[ウ]}^\circ$$

2 弧と円周角

これが大事! ① 1つの円で, **等しい弧に対する円周角は等しい。**

②1つの円で, **等しい円周角に対する弧の長さは等しい。**

例 右の図1で, $\overset{\frown}{AB}=\overset{\frown}{BC}$ だから,

$$\angle x = \angle APB = \boxed{[エ]}^\circ$$

右の図2で, ∠APB=∠CQD だから,

$$\overset{\frown}{AB}=\boxed{[オ]}$$

図1 $\overset{\frown}{AB}=\overset{\frown}{BC}$　図2 ∠APB=∠CQD

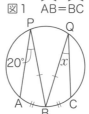

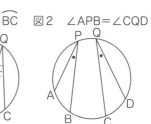

円周角の定理は, 中心角が180°より大きい場合でも成り立つんだよ。

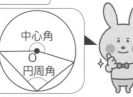

ゼッタイ！これだけ
●円周角の大きさは, 中心角の大きさの半分である。
●同じ弧に対する円周角は等しい。

練習問題 →解答は別冊 p.21

① 次の図で，∠x の大きさを求めなさい。

(1)
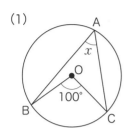

(2)
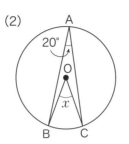

(3)
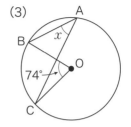

(4)
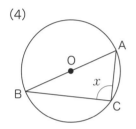

(5)
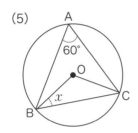

(6)
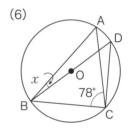

② 次の図で，∠x の大きさを求めなさい。

(1) $\overset{\frown}{AB}=\overset{\frown}{CD}$
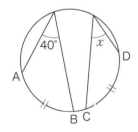

(2) $\overset{\frown}{AB}=\overset{\frown}{BC}$
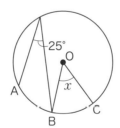

(3) $2\overset{\frown}{AB}=\overset{\frown}{BC}$
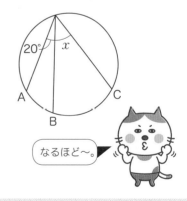

なるほど〜。

 弧と円周角の関係

・半円の弧に対する円周角は，直角です。
・円周角の大きさは，弧の長さに比例します。

円周角＝90°

半円だよ

円周角2倍

弧が2倍

43 円周角の定理を逆にみると…

円周角の定理の逆

なぜ学ぶの？ 定理の逆については，2年生で学んだよね。つまり，「pならばq」の逆は，「qならばp」。これはいつも成り立つわけではないけれど，「円周角の定理」は「逆」も成り立つことを確認しよう。

1 円周角の定理の逆

 円周上に3点A，B，Cがあって，点Pが，直線BCについて点Aと同じ側にあるとき，

∠BPC＝∠BAC

ならば，点Pはこの円の弧BAC上にある。

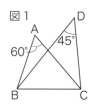

例 右の図1では，∠BAC≠∠BDCだから，4点A，B，C，Dは同じ円周

上に [ア]   。

右の図2では，∠BAC＝∠BDCであり，点Dは，直線BCについて点Aと同じ側にあるから，4点A，B，C，D

は同じ円周上に [イ]   。

注意 記号≠は，等しくないことを意味する記号。

4点が同じ円周上にあれば，円周角の定理が使えて，わからない角も求められるね。

2 線分が直径となる場合

これが大事！ ∠APB＝90°のとき，
点PはABを直径とする円周上にある。

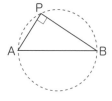

例 ∠ACB＝∠ADB＝90°であり，点Dが直線ABについて点Cと同じ側にあるとき，4点A，B，C，DはAB

を [ウ]   とする円周上に [エ]   。

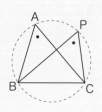

円周角の定理の逆
円周上に3点A，B，Cがあって，点Pが，直線BCについて点Aと同じ側にあるとき，∠BPC＝∠BACならば点Pはこの円の$\overset{\frown}{BAC}$上にある。

答え [ア] ない
[イ] ある
[ウ] 直径
[エ] ある

練習問題 →解答は別冊 p.22

① 下の⑦〜⑦のうち，4点 A，B，C，D が同じ円周上にあるものをすべて選びなさい。

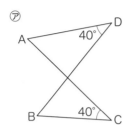
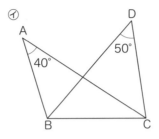
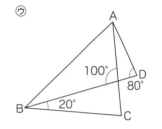

② 下の図で，∠x の大きさを求めなさい。

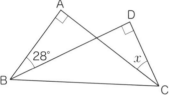

ちょっと疲れた。

③ 下の図で，∠x，∠y の大きさを求めなさい。

(1)
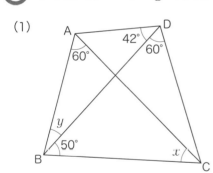

(2)
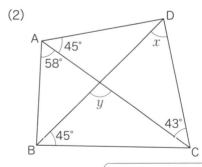

どうしても解けない場合は
円周角の定理へGO！ p.100

 三角形の内角と外角の性質

1年生で学んだ三角形の内角と外角について，もう一度確認しておきましょう。

①三角形の3つの内角の和は180°である。

②三角形の1つの外角は，そのとなりにない2つの内角の和に等しい。

∠Cの外角は∠a+∠bだからね！

式の計算

平方根

2次方程式

関数 $y=ax^2$

相似な図形

円の性質

三平方の定理

標本調査

44 円に接線をひく
接線の作図と接線の性質

なぜ学ぶの？

円周上の点を通る接線の作図は，1年生のときに学んだね。ここでは，**円外の点からその円にひいた接線**について考えるよ。ここで学ぶことは，7章の三平方の定理とも関連するよ。

1 円周角を利用した円の接線の作図

これが大事！

点Pから円Oへの**接線を作図**する。

①線分 PO の中点 M をとる。

②Mを中心とし，MO を <u>[ア]</u> とする円 M をかく。

③円 M と円 O の交点の1つを A とすると，2点 A，P を通る直線 PA が求める接線である（直線 PB も同様）。

[理由] 円 M において，∠PAO は半円の弧に対する円周角

であり，∠PAO＝<u>[イ]</u>°だから。

> 円外の1点から接線をひくときは，**円周角**を使うんだね。

2 円外の1点からの接線の特徴

これが大事！

円外の1点からその円にひいた**2つの接線の長さは等しい。**

[証明] △AOPと△AOP´において，

APとAP´は，それぞれ円Oの接線だから，

∠APO＝∠AP´O＝90°　　…①

半径だから，　　OP＝<u>[ウ]</u>　　…②

共通な辺だから，AO＝AO　　…③

①，②，③より，直角三角形の<u>[エ]</u>が，

それぞれ等しいから，△AOP≡△AOP´

よって，　　　　AP＝AP´

ゼッタイ！これだけ

● 接線の作図では，半円の弧に対する円周角が90°であることを使う。

● 円外の1点からその円にひいた2つの接線の長さは等しい。

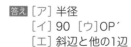
答え [ア] 半径
[イ] 90 [ウ] OP´
[エ] 斜辺と他の1辺

練習問題 ➡解答は別冊 p.22

❶ 右の図において, 点 P から円 O にひいた
接線の接点 A, B は, PO を直径とする
円 O′ と円 O の交点です。次の □ に
あてはまる記号や数字, ことばを入れて,
説明を完成させなさい。

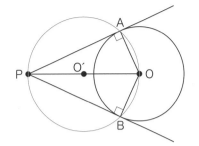

〔説明〕点 A, B は円 O′ の円周上の点で,

半円の弧に対する [ア]□ だから, ∠PAO＝∠[イ]□ ＝90°

また, OA, OB は円 O の半径だから,
直線 PA, PB は A, B を接点とする円 O の [ウ]□ である。

❷ 次の図で, 直線 PA, PB が, 点 A, B を接点とする円 O の接線である
とき, ∠PAB の大きさを求めなさい。

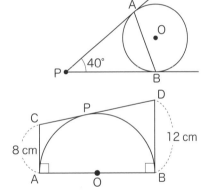

❸ 次の図で, 直線 AC, CD, DB は半円
O に接しています。このとき, 線分
CD の長さを求めなさい。

明日, 全然勉強してないって
いうんだ！

どうしても解けない場合は
円周角の定理へGO! p.100
円周角の定理の逆へGO! p.102

直角三角形の合同条件を思い出そう

円外の点からひいた接線の問題では, 二等辺三角形や
直角三角形の性質が利用できます。二つの直角三角形
は, 次のときに合同です。
❶ 斜辺と 1 つの鋭角が, それぞれ等しいとき
❷ 斜辺と他の 1 辺が, それぞれ等しいとき

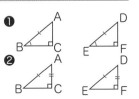

式の計算

平方根

2次方程式

関数 $y=ax^2$

相似な図形

円の性質

三平方の定理

標本調査

45 どれとどれが相似？

円の性質の利用

相似も円周角の定理もすでに学んだよね。次は**円の応用**だよ。ここでは，新しい定理は出てこないけれど，円の性質を利用すると相似の証明がスムーズにできるよ。対応する辺に注意しよう。

1 共通な弧を用いる証明

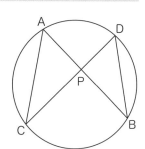

例 右の図のように 2 つの弦 AB と CD が円内の点 P で交わるとき，

△PAC∽△PDB

これが大事！

[証明] △PAC と △PDB において，

$\overset{\frown}{\text{CB}}$ に対する円周角だから，

∠CAP＝∠ ^{［ア］} ……①

対頂角は等しいから，

∠APC＝∠ ^{［イ］} ……②

①，②から，2 組の角がそれぞれ等しいので，

△PAC∽△PDB

2 等しい弧を用いる証明

4点が同じ円周上にあれば，相似が見えてくるね。

例 右の図で，A，B，C，D は円周上の点で，$\overset{\frown}{\text{AB}}＝\overset{\frown}{\text{AC}}$ です。弦 AD，BC の交点を P とするとき，

△ABP∽△ADB

これが大事！

[証明] △ABP と △ADB において，

$\overset{\frown}{\text{AB}}＝\overset{\frown}{\text{AC}}$ だから，

∠ABP＝∠ ^{［ウ］} ……①

共通な角だから，

∠BAP＝∠ ^{［エ］} ……②

①，②から，2 組の角がそれぞれ等しいので，

△ABP∽△ADB

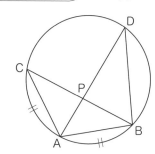

 ゼッタイ！ これだけ

右の図で，△ACP と △DBP は相似で，対応する辺は，辺 AC と辺 DB，辺 CP と辺 BP，辺 PA と辺 PD である。

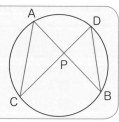

答え ［ア］BDP ［イ］DPB
［ウ］ADB ［エ］DAB

式の計算

平方根

2次方程式

関数 $y=ax^2$

相似な図形

円の性質

三平方の定理

標本調査

練習問題 →解答は別冊 p.22

❶ 右の図について，次の問いに答えなさい。

(1) △ADP∽△CBP を証明しなさい。

昨日までの
オレとはちがう。

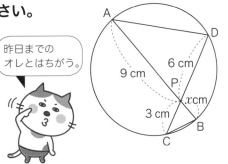

(2) x の値を求めなさい。

❷ 右の図について，次の問いに答えなさい。

(1) △ABE∽△ACD を証明しなさい。

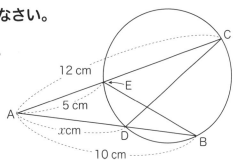

(2) x の値を求めなさい。

❸ 右の図について，次の問いに答えなさい。

(1) △ABP∽△DCP を証明しなさい。

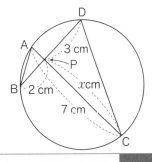

(2) x の値を求めなさい。

どうしても解けない場合は
相似の証明へGO!　p.86

相似比は積の形でも表せる

△ABC∽△DEF のとき，
　AB：DE＝BC：EF
これは，
　AB×EF＝BC×DE
と，積の形でも表せます。

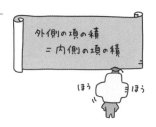

外側の項の積
＝内側の項の積

ほう　ほう

おさらい問題

1 次の図で，∠x の大きさを求めなさい。

(1)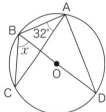

(2)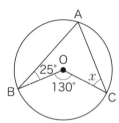

(3)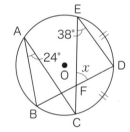

(4) BDは直径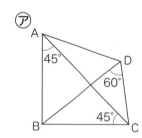

(5)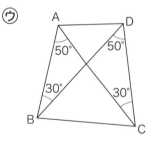

(6) $\overset{\frown}{CD}=\overset{\frown}{DE}$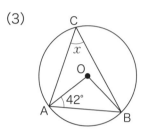

2 次の㋐〜㋒のうち，4点 A，B，C，D が同じ円周上にあるものを選びなさい。

㋐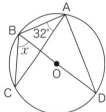

㋑

㋒

3 右の図のように四角形 ABCD があります。このとき，∠ADB の大きさを求めなさい。

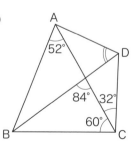

式の計算

平方根

2次方程式

関数$y=ax^2$

相似な図形

円の性質

三平方の定理

標本調査

④ 右の図のように，円周上に4点 A, B, C, D が
あります。

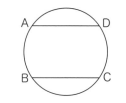

(1) AD∥BC ならば，$\overset{\frown}{AB}=\overset{\frown}{CD}$ であることを，
次のように証明しました。
＿＿＿にあてはまることばや記号を入れて
証明を完成させなさい。

〔証明〕線分 AC をひくと，AD∥BC より，[ア]＿＿＿＿は等しいから，

∠ACB＝[イ]＿＿＿＿

1つの円で，等しい[ウ]＿＿＿＿に対する弧の長さは等しいから，

$\overset{\frown}{AB}=\overset{\frown}{CD}$

(2) $\overset{\frown}{AB}=\overset{\frown}{CD}$ ならば，AD∥BC であることを証明しなさい。

⑤ 右の図で，直線 AP, AQ は円 O の
接線で，点 P, Q は接点です。この
とき，∠x の大きさを求めなさい。
また，AQ の長さを求めなさい。

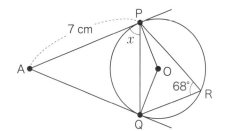

⑥ 右の図について，次の問いに答えなさい。

(1) △ABE∽△ADC を証明しなさい。

(2) x の値を求めなさい。

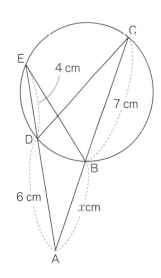

46 三平方の定理って何だろう？

$a^2+b^2=c^2$

なぜ学ぶの？ ここでは，これまで学んだ関係式とはまったく異なるタイプの関係式が出てくるよ。それは，「**三平方の定理**」。この定理を覚えておけば，いろいろな図形問題を解くときに役に立つよ。

1 三平方の定理

 直角三角形の直角をはさむ2辺の長さを a, b, 斜辺の長さを c とすると，次の関係が成り立つ。

$$a^2+b^2=c^2$$

参考 三平方の定理は，ピタゴラスの定理ともいわれる。

右の直角三角形 ABC は，$3^2=9$, $4^2=16$, $5^2=25$ で，

$$3^2+4^2=5^2$$

よって，三平方の定理が成り立っている。

例 右の直角三角形 ABC の，斜辺の長さを求めます。
求める長さを $x$cm とすると，

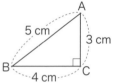

$$x^2=3^2+\boxed{}^2=9+36=45$$

$x>0$ だから，$x=\sqrt{45}=\boxed{}$ (cm)

例 右の直角三角形 ABC で，求める長さを $x$cm とすると，

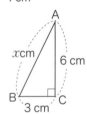

$$12^2+x^2=\boxed{}^2$$
$$144+x^2=169$$
$$x^2=169-144=25$$

$x>0$ だから，$x=\sqrt{25}=\boxed{}$ (cm)

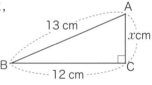
ピラミッドにも三平方の定理を使っていたんだって。

ぜッタイ！これだけ **三平方の定理（ピタゴラスの定理）**

直角三角形の直角をはさむ2辺の長さを a, b, 斜辺の長さを c とすると，次の関係が成り立つ。

$$a^2+b^2=c^2$$

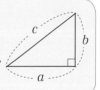

式の計算

平方根

2次方程式

関数 $y = ax^2$

相似な図形

円の性質

三平方の定理

標本調査

 練習問題 →解答は別冊 p.24

① 下の図の直角三角形で，残りの辺の長さを求めなさい。

これでわかったも同然だ。

(1)

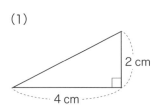

2 cm

4 cm

(2)

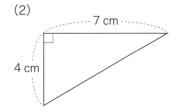

7 cm

4 cm

(3)

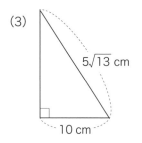

$5\sqrt{13}$ cm

10 cm

(4)

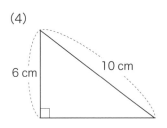

6 cm

10 cm

② 2辺の長さが 5 cm，10 cm の長方形の対角線の長さを求めなさい。

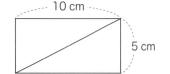

10 cm

5 cm

③ 直角三角形の直角をはさむ 2辺の長さを a, b, 斜辺の長さを c とします。
直角三角形①〜③について，右の表の空欄㋐〜㋒をうめなさい。

	①	②	③
a	3	5	㋒
b	㋐	12	15
c	5	㋑	17

どうしても解けない場合は
2次方程式 $ax^2 + bx + c = 0$ へGO!
$ax^2 = b$, $(x+m)^2 = n$ の解法へGO!
p.48
p.50

直角三角形の3辺の比

直角三角形には，3辺の比が整数になるものがいくつかあります。
次の比は，覚えておくと便利です。
・3:4:5
・5:12:13

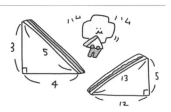

47 $a^2+b^2=c^2$なら直角三角形
三平方の定理の逆

なぜ学ぶの?

「p ならば q」の逆「q ならば p」は, いつも正しいとは限らなかったよね。でも, **三平方の定理の逆は成り立つ**んだよ。ここではそれについて学び, 使い方もマスターしよう。

1 三平方の定理の逆

これが大事!
$\triangle$ABC で, BC$=a$, CA$=b$, AB$=c$ とするとき,
$$a^2+b^2=c^2 \text{ ならば, } \angle C=90°$$

注意 $\angle$A に向かいあう辺を a,
$\angle$B に向かいあう辺を b,
$\angle$C に向かいあう辺 c としている。

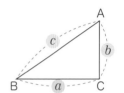

例 右の図の$\triangle$ABC が, 直角三角形かどうかを調べます。
最も長い 10 cm の辺を c, 8 cm,
6 cm の辺を a, b とします。
$$a^2+b^2=8^2+6^2$$
$$=64+36=100$$
$$c^2=10^2=100$$
よって, $a^2+b^2=c^2$ が成り立つので,
$\triangle$ABC は直角三角形で[ア]□ 。
↑ c が斜辺, $\angle$C$=90°$

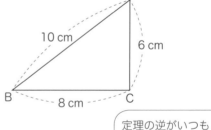

定理の逆がいつも正しいとは限らないけれど, 三平方の定理の逆は, 正しいんだね。

例 右の図の$\triangle$ABC が, 直角三角形かどうかを調べます。
最も長い 12 cm の辺を c, 8 cm,
$4\sqrt{6}$ cm の辺を a, b とします。
$$a^2+b^2=8^2+(4\sqrt{6})^2$$
$$=64+96=160$$
$$c^2=12^2=144$$
$$a^2+b^2>c^2 \text{ だから,}$$
$\triangle$ABC は直角三角形で[イ]□ 。

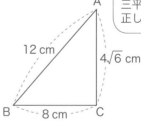

ゼッタイ! これだけ

三平方の定理の逆
$\triangle$ABC で, BC$=a$, CA$=b$,
AB$=c$ とするとき,
$a^2+b^2=c^2$ ならば, $\triangle$ABC は
$\angle$C$=90°$の直角三角形。

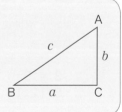

答え [ア] ある [イ] ない

式の計算

平方根

2次方程式

関数 $y=ax^2$

相似な図形

円の性質

三平方の定理

標本調査

練習問題 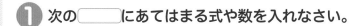 →解答は別冊 p.24

❶ 次の◯◯にあてはまる式や数を入れなさい。

[三平方の定理の逆] △ABC で, BC=a, CA=b, AB=c ($c≧a$, $c≧b$) とするとき,

$$\boxed{}^{[ア]}=c^2 \text{ ならば, } ∠C=\boxed{}^{[イ]}。$$

❷ 次の㋐～㋔の△ABC で, 直角三角形になるのはどれですか。また, 直角になる角はどれですか。

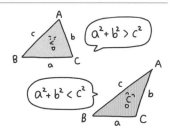
できたー！

㋐ AB=8 cm, BC=17 cm, CA=15 cm

㋑ AB=12 cm, BC=6 cm, CA=13 cm

㋒ AB=3 cm, BC=6 cm, CA=$3\sqrt{3}$ cm

㋓ AB=$\sqrt{11}$ cm, BC=10 cm, CA=12 cm

㋔ AB=$4\sqrt{2}$ cm, BC=$4\sqrt{2}$ cm, CA=8 cm

❸ 3辺の長さが $(x+3)$ cm, $(x+5)$ cm, $(x+7)$ cm である直角三角形があります。このとき, x の値を求めなさい。

どうしても解けない場合は $a^2+b^2=c^2$ へGO! p.110

三平方の定理と三角形

△ABC で, 最も長い辺を c として,
$a^2+b^2 ≠ c^2$ ならば, △ABC は直角三角形ではありません。

$a^2+b^2 > c^2$

$a^2+b^2 < c^2$

三角定規と三平方の定理

特別な直角三角形の3辺の比

なぜ学ぶの?

三角定規は, 正三角形を2等分した直角三角形と, 正方形を1つの対角線で2等分した直角三角形だね。どちらも, **特別な3辺の比をもつ直角三角形**として知られているよ。その使い方を習得すれば, 面積などを求めるときに役立つね。

1 特別な直角三角形の3辺の比

これが大事!

①90°, 30°, 60°の直角三角形
→ **1:2:$\sqrt{3}$**

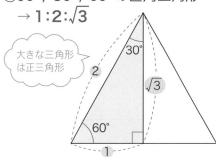

大きな三角形は正三角形

②90°, 45°, 45°の直角三角形
→ **1:1:$\sqrt{2}$**

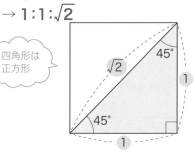

四角形は正方形

例 右の図で, △ABCの角は90°, 30°, 60°の直角三角形だから, 3辺の比は

$$BC:AB:AC=\boxed{}^{[ア]}$$

よって, $AB:AC=2:\boxed{}^{[イ]}$

$$6:x=2:\sqrt{3}$$
$$x=3\sqrt{3}$$
$$AC=3\sqrt{3}\,\text{cm}$$

1つの辺の長さがわかれば, 底辺と高さもわかるから, 面積も求められるよ。

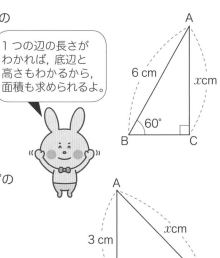

例 右の図で, △ABCの角は90°, 45°, 45°の直角三角形だから, 3辺の比は

$$AB:BC:CA=\boxed{}^{[ウ]}$$

よって, $AB:AC=1:\boxed{}^{[エ]}$

$$3:x=1:\sqrt{2}$$
$$x=3\sqrt{2}$$
$$AC=3\sqrt{2}\,\text{cm}$$

答え [ア] 1:2:$\sqrt{3}$
[イ] $\sqrt{3}$
[ウ] 1:1:$\sqrt{2}$
[エ] $\sqrt{2}$

ゼッタイ! これだけ

特別な直角三角形の3辺の比
90°, 30°, 60°の直角三角形の3辺の比→ 1:2:$\sqrt{3}$
90°, 45°, 45°の直角三角形の3辺の比→ 1:1:$\sqrt{2}$

練習問題 →解答は別冊 p.25

① 次の図で，x の値を求めなさい。

(1)
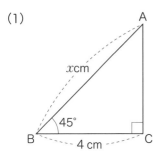

(2)
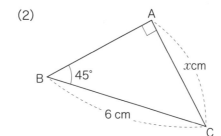

(3)
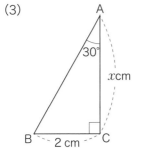

(4)
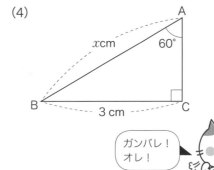

ガンバレ！
オレ！

② 1辺の長さが 12 cm の正三角形の面積を求めなさい。

③ 右の図について，次の問いに答えなさい。

(1) 辺 BC を底辺としたときの高さは何 cm
ですか。

(2) 辺 AB の長さは何 cm ですか。

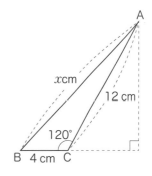

どうしても解けない場合は
$a^2+b^2=c^2$ へGO! **p.110**

これも！
プラス **三角定規の3辺の比と角度**

・3辺の比が1:1:$\sqrt{2}$である三角形の3つの角は
90°, 45°, 45°
・3辺の比が1:2:$\sqrt{3}$である三角形の3つの角は
90°, 30°, 60°

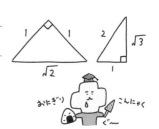

49 2点間の距離はどうやって求める？

三平方の定理の平面図形への応用

なぜ学ぶの？
これまでは，与えられた長さから面積や体積を求めてきたね。でも，三平方の定理を使えば，**図形の面積や2点間の距離が求められるよ**。ここでは，例題を通してそれらを求められるようになろう。

1 半径，弦，弦と中心との距離

これが大事！

例 ①右の図で，△OAB は二等辺三角形で，O から弦 AB にひいた垂線と AB との交点を H とします。

②H は AB の $\boxed{[ア] }$ だから，AH＝$x$cm とすると，

$x^2＋4^2＝6^2$，$x^2＝20$ ←三平方の定理

③$x>0$ より，$x＝2\sqrt{5}$ だから，

AB＝$2\sqrt{5}×2＝\boxed{[イ]}$ (cm)

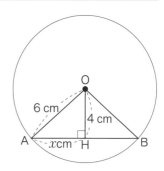

2 2点間の距離

これが大事！

例 2点 A $(1, 1)$，B $(4, 3)$ 間の距離を求めます。

①右の図のように，A から x 軸に平行にひいた直線と B から y 軸に平行にひいた直線の交点を H とします。

②H $(4, 1)$ だから，

AH＝$4-1＝\boxed{[ウ]}$ ←点Aと点Bの x座標の差

HB＝$3-1＝\boxed{[エ]}$ ←点Aと点Bのy座標の差

③ $AB^2＝\boxed{[ウ]}^2＋\boxed{[エ]}^2$ ←三平方の定理

④したがって，AB＝$\boxed{[オ]}$ ←距離だから，AB＞0

直角三角形をつくれば，いろいろな場面で使えるね。

ゼッタイ これだけ

2点 A, B 間の距離

$(2 点 A, B 間の距離)^2$
$＝(点Aと点Bの x 座標の差)^2＋$
$(点Aと点Bの y 座標の差)^2$

答え [ア]中点 [イ]$4\sqrt{5}$ [ウ]3
[エ]2 [オ]$\sqrt{13}$

練習問題 →解答は別冊 p.26

❶ 次の図で, (1) は線分 **OH** の長さを, (2) は弦 **AB** の長さを求めなさい。

(1)
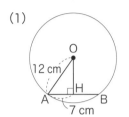

(2)
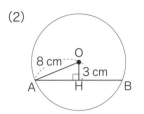

❷ 次の座標をもつ2点間の距離を求めなさい。

(1) A (3, 6), B (15, 1)

(2) C (−4, 2), D (3, −4)

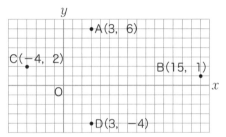

❸ 右の図の△ABCの面積を, 下のように求めました。次の　　　　をうめて, 面積を求めなさい。

①頂点 A から, 向かい合う辺に垂線をひき, その交点を H とする。

②BH=$x$cm とすると, CH=[ア]　　　(cm)

③AH を2通りに表すと, AH^2=13^2 − x^2, AH^2=[イ]

④方程式 13^2−x^2 =15^2−(14−x)^2 を解く。
　　169−x^2=225−196+28x−x^2　　　よって, x=[ウ]

⑤ AH^2=13^2 − 5^2=144, AH=$\sqrt{144}$ =[エ]　　(cm)

⑥△ABC=$\dfrac{1}{2}$ ×14×12=[オ]　　(cm^2)

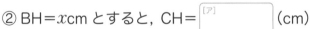
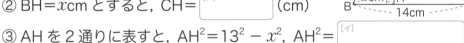
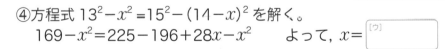

どうしても解けない場合は
$a^2+b^2=c^2$へGO!　p.110

これも！プラス **対角線の長さ**

・長方形の対角線の長さ=$\sqrt{(たての長さ)^2+(横の長さ)^2}$
・1辺がaの正方形の対角線の長さ=$\sqrt{2}a$

50 直接測れない長さはどうやって求める？
三平方の定理の利用①

  直方体の対角線の長さや錐体の高さなど，**直接測れない長さ**も，三平方の定理を使えば求めることができるんだよ。そのための三平方の定理の使い方をマスターしていくよ。

1 直方体の対角線を求める

これが大事！
①直角三角形 AEG で，$AG^2=AE^2+EG^2$
②直角三角形 EFG で，$EG^2=EF^2+FG^2$
③したがって，$AG^2=AE^2+EF^2+FG^2$

参考 3辺が a, b, c の長さの直方体の対角線の
長さは，$\sqrt{a^2+b^2+c^2}$
1辺の長さが a の立方体の対角線の長さは，$\sqrt{3}a$

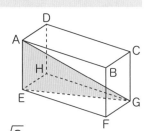

2 正四角錐の高さ

これが大事！
①底面の対角線の交点を H とすると，線分 OH の
長さが，この**正四角錐の高さ**である。
②直角三角形 OAH で，$OH^2=OA^2-AH^2$

例 右の図の正四角錐 OABCD は，底面 ABCD が 1 辺
6 cm の正方形，他の辺の長さはすべて 12 cm です。
正方形 ABCD の対角線の長さより，$AC=6\sqrt{2}$ cm

よって，$AH=\dfrac{1}{2}AC=3\sqrt{2}$ (cm)

$OH^2=OA^2-AH^2=12^2-(3\sqrt{2})^2=$ [ア]

$OH=$ [イ] (cm)

正四角錐 OABCD の体積は，

$\dfrac{1}{3}\times 6^2\times 3\sqrt{14}=$ [ウ] (cm³)

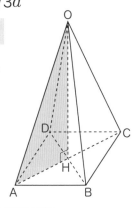

 円錐の高さも，
・底面の円の半径
・母線の長さ
がわかれば，求められるね。

正四角錐の高さ
底面の正方形 ABCD の対角線の
交点を H，正四角錐の頂点を O と
すると，高さは線分 OH の長さで，
$OH^2=OA^2-AH^2$ で求められる。

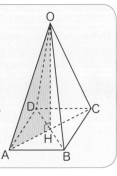

練習問題 →解答は別冊 p.27

キミはがんばっている！！

① 次の問いに答えなさい。

(1) 1 辺の長さが 5 cm の立方体の対角線の長さを求めなさい。

(2) 3 辺の長さが 3 cm, 4 cm, 5 cm の直方体の対角線の長さを求めなさい。

② 次の正四角錐と円錐の高さと体積を求めなさい。
ただし, (2) は投影図です。

(1)

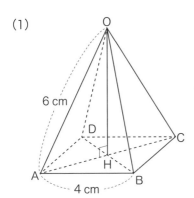

(2)

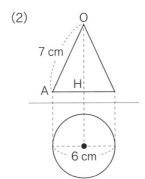

③ 半径 10 cm の球 O を, 中心から 6 cm
の距離にある平面で切ったとき, 切り口
の面積を求めなさい。

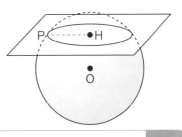

> どうしても解けない場合は
> 三平方の定理の平面図形への応用へGO! **p.116**

 切り口の形

正四角錐の頂点と, 底面の2頂点を通る平面で切ったときにできる
切り口は, 二等辺三角形になります。

式の計算

平方根

2次方程式

関数 $y=ax^2$

相似な図形

円の性質

三平方の定理

標本調査

51 接線の長さや2点間の最短距離を求めよう
三平方の定理の利用②

なぜ学ぶの?

三平方の定理は, 直角三角形を見つければ, さまざまな場面で使えることがわかったね。最後に, 円と三平方の定理の**融合問題**や, **直方体上の2点間の距離**について考えていくよ。

1 接線の長さ

これが大事!

例 右の図で, 接点 T と中心 O を結んだ線分 OT は
接線 PT に垂直だから,

$$\angle PTO = \boxed{}^{[ア]}。$$

よって,
$$PO^2 = OT^2 + PT^2 \quad \leftarrow 三平方の定理$$
$$8^2 = 3^2 + PT^2$$
$$PT^2 = 64 - 9 = 55$$
$$PT = \boxed{}^{[イ]} \text{cm}$$

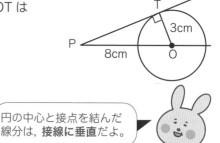

円の中心と接点を結んだ線分は, **接線に垂直**だよ。

2 2点間の最短距離

これが大事!

直方体の1つの頂点から別の頂点までの最短距離は, **展開図で考える**。

例 ①右の直方体の頂点 A から頂点 G までの最短距離は,
展開図の一部をかくと, 下の図のようになります。

②よって, 最短距離は線分 $\boxed{}^{[ウ]}$ の長さです。

③ $AG^2 = AE^2 + EG^2 \quad \leftarrow 三平方の定理$
$AG^2 = 6^2 + (10+5)^2 = 261$

$$AG = \boxed{}^{[エ]} \text{cm}$$

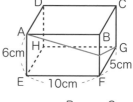

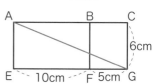

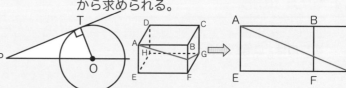

● **接線の長さ**:円外の1点, 円の中心, 接点を結んだ直角三角形から求められる。

● **2点間の最短距離**:展開図をかいて求める。

練習問題　→解答は別冊 p.28

❶ 右の図で, PT は, T を接点とする円 O の
接線です。このとき, x の値を求めなさい。

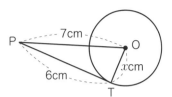

❷ 右の図1のように, BF＝6 cm, FG＝3 cm, GH＝
2 cm の直方体があり, 頂点 A から頂点 F まで, 赤
いひもを辺 DH に交わるようにかけます。赤いひ
もが最も短くなるとき, 次の問いに答えなさい。

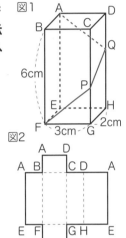

(1) 赤いひもが通る線を, 図2の直方体の展開図に
かきなさい。

(2) 赤いひもの長さを求めなさい。

やればできちゃう
んだな～！

❸ 右の図のように, 底面の半径が 4 cm, 母線の長さが 12 cm の円錐が
あります。次の問いに答えなさい。

(1) この円錐の展開図で, 側面のおうぎ形の中心角
の大きさを求めなさい。

(2) 円錐の底面の円周上に点 A をとり, そこから
ひもをゆるまないように側面にそって1周させ
ます。ひもが最も短くなるときの長さを求めなさい。

> どうしても解けない場合は
> 三平方の定理の平面図形への応用へGO!　p.116
> 三平方の定理の利用①へGO!　p.118

p.116
p.118

おうぎ形の中心角

❸の円錐の展開図は右のようになります。

$$おうぎ形の中心角＝360°×\frac{半径Rのおうぎ形の弧の長さ}{半径Rの円の円周の長さ}$$

おうぎ形ずな

おさらい問題

❶ 下の図の直角三角形で，xの値を求めなさい。

(1)

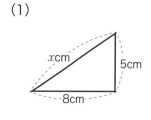

(2)

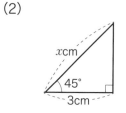

(3)

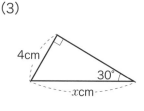

(4)

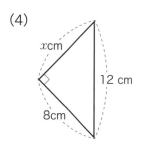

(5)

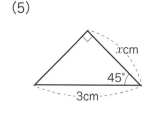

(6)

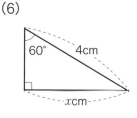

❷ 次の問いに答えなさい。

(1) 1辺の長さが4cmの正方形の対角線の長さを求めなさい。

(2) 横が8cm，対角線の長さが10cmの長方形のたての長さを求めなさい。

❸ 次の㋐〜㋓の△ABCで，直角三角形になるのはどれですか。また，直角になる角はどれですか。

㋐ AB＝5cm，BC＝12cm，CA＝13cm

㋑ AB＝10cm，BC＝8cm，CA＝7cm

㋒ AB＝6cm，BC＝3$\sqrt{13}$cm，CA＝9cm

㋓ AB＝2cm，BC＝6cm，CA＝7cm

4 次の座標をもつ 2 点間の距離を求めなさい。

(1) A (−2, 4), B (10, 9)

(2) C (−4, −7), D (3, 2)

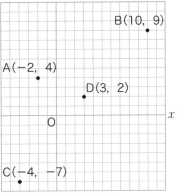

5 次の (1), (2) の三角形の面積を求めなさい。

(1)
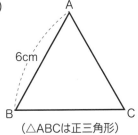
6cm
（△ABCは正三角形）

(2)
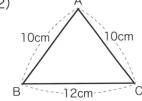
10cm 10cm
12cm

6 次の図で, x の値を求めなさい。

(1)
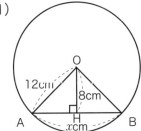
12cm
8cm
$x$cm

(2)
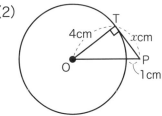
4cm
$x$cm
1cm

7 次の (1), (2) の体積を求めなさい。

(1)
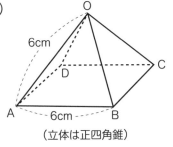
6cm
6cm
（立体は正四角錐）

(2)
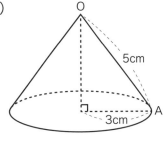
5cm
3cm

式の計算
平方根
2次方程式
関数 $y=ax^2$
相似な図形
円の性質
三平方の定理
標本調査

52 標本調査って何だろう？
標本調査の方法

なぜ学ぶの？

1年生では，データの整理（度数分布表，ヒストグラム），2年生では，箱ひげ図について学んだね。ここでは，対象となる集団の調査や標本の取り出し方について学ぶことで，より目的に合った調査ができるよ。

1 全数調査と標本調査

これが大事！

ある集団の特徴や傾向などの性質を調べるとき，
・集団すべてを対象として調査し，集団の性質を調べることを**全数調査**という。
・集団の一部を対象として調査し，集団の性質を推定する調査を**標本調査**という。

例 学校での身体測定は，1人1人の健康状態を知るために [ア]　　　　　　を行っています。また，テレビ番組の視聴率調査は，対象となる集団全部ではなく，一部分を調べて全体の傾向を推定する [イ]　　　　　　を行っています。

2 母集団と標本

これが大事！

標本を調査するとき，集団全体のことを**母集団**といい，取り出した一部の集団を**標本**という。このとき，標本となった人やものの数のことを，**標本の大きさ**という。
標本調査は，次のように行われている。
①母集団から標本を取り出す。　②取り出した標本の性質を調べる。
③②の結果から，母集団の性質を調べる。

3 標本を抽出する方法

母集団からかたよりなく標本を取り出すことを，**無作為に抽出する**という。乱数表やコンピュータを利用する方法がある。

標本は，かたよりが生じないように選ぶんだね。

● **全数調査**：集団すべてを対象とする調査。
● **標本調査**：集団の一部を対象として調査し，集団の性質を推定する調査。

答え [ア] 全数調査
　　 [イ] 標本調査

124

式の計算

平方根

2次方程式

関数$y=ax^2$

相似な図形

円の性質

三平方の定理

標本調査

練習問題 →解答は別冊 p.30

❶ 次の調査は，全数調査，標本調査のどちらで行われますか。

(1) 高校の入学試験
(2) シャープペンシルの芯（しん）の強度調査
(3) 商品として売るための野菜の種子の発芽率
(4) けいこう灯の寿命（じゅみょう）調査
(5) 国勢調査

❷ ある県で1人あたりが温泉に行く回数を調べるために，無作為に200人を選んで調査しました。このとき，次の問いに答えなさい。

ラストスパート！

(1) 母集団は何ですか。
(2) 標本は何ですか。
(3) 標本の大きさを答えなさい。

❸ ある中学校で，市民のSDGs（エス・ディー・ジーズ）に対する意識調査を，標本調査で調べることにしました。次のうち，標本の選び方として適切なものを1つ選び，記号で答えなさい。

㋐生徒全員の保護者を選ぶ。
㋑学校の周辺の市民の中から100人選ぶ。
㋒その市の電話帳の各ページから1人ずつ選ぶ。

 これも！プラス 「無作為」に「抽出」する

無作為に抽出するとは，どの人もものも同じ確率で選ばれるようにする取り出し方です。
・無作為…作為（＝人の意志）を加えないこと。
・抽出……多くのものの中から取り出すこと。

くじ引き

53 標本から母集団を推定しよう

母集団と標本の関係

なぜ学ぶの?

2年生では確率を学んだけれど、さいころを多数回投げるとき、1の目が出る相対度数が$\frac{1}{6}$に近づくんだったよね。ここでは、ある集団の性質を調べるときに標本から推定できることがわかるよ。

1 標本の平均から母集団の平均を推定する

これが大事! 標本調査では、標本の大きさが**大きいほど**、標本の平均が**母集団の平均に近づく**。

①母集団から、標本の大きさを10にして、無作為に抽出し、その平均を求める。

②標本の大きさを20にして、無作為に抽出し、その平均を求める。

③標本の大きさを30にして、無作為に抽出し、その平均を求める。

①→②→③と進むにつれて、母集団の平均に近づく。

2 標本の割合から母集団の割合を推定する

これが大事! 例 標本の割合を調べれば、母集団の割合が推定できます。

ある工場で大量に製造される製品から、1000個を無作為に抽出したところ、そのうち2個が不良品でした。この工場で20000個の製品を製造したとき、そのうちの不良品の個数を推定します。

①母集団は20000個の製品、標本は無作為に抽出した1000個の製品。

②全製品数に対する不良品の個数の割合は、標本の数に対する不良品の個数の割合と $\boxed{}^{[ア]}$ と考える。

③母集団の不良品の個数をx個とすると、

$$20000:x=1000:\boxed{}^{[イ]}$$

$$x=\boxed{}^{[ウ]}$$

したがって、20000個の製品のうち、不良品はおよそ $\boxed{}^{[ウ]}$ 個あると推定されます。

参考 標本の大きさが大きいほど、調査時間や労力がかかるので、目的に応じて標本の大きさを決める必要がある。

確率を相対度数ととらえるのと、同じことなのかな?

ゼッタイ!これだけ 標本調査では、標本の大きさが大きいほど、標本の性質は母集団の性質に近づく。

答え [ア] 等しい [イ] 2 [ウ] 40

練習問題 →解答は別冊 p.30

① ある地区の中学3年生の男子のハンドボール投げの平均値を推測するために，無作為に抽出した10人の記録の平均値を求めました。このことを5回くり返した結果，右の表のようになりました。この地区の中学3年生の男子のハンドボール投げの記録の平均値は，およそ何mと推定できますか。

1回目	24.01
2回目	23.82
3回目	24.50
4回目	23.75
5回目	24.02
合計	120.10

（単位:m）

② A市で市内のすべての中学3年生3500人の中から無作為に抽出した100人にアンケートを実施したところ，1週間の運動日数が5日であった生徒は，回答した100人のうち46人でした。
A市の中学生3年生3500人のうち，1週間の運動日数が5日である生徒の人数は，およそ何人と推定できますか。

③ 箱の中に黒玉だけが入っています。多くて数えきれないので，同じ大きさの白玉150個を黒玉だけが入っている箱の中に入れてよく混ぜ，そこから200個の玉を無作為に抽出すると，白球が20個ふくまれていました。はじめに箱に入っていた黒玉の個数は，およそ何個と推定できますか。

たいへんよく
がんばりました

どうしても解けない場合は
標本調査の方法へGO! p.124

 これも！プラス **標本の大きさ**

標本の大きさが大きければ大きいほど，標本の性質は母集団の性質に近づきますが，標本が大きくなると，調査時間や労力がかかります。

母集団の性質

標本数が大

標本の性質

式の計算

平方根

2次方程式

関数 $y = ax^2$

相似な図形

円の性質

三平方の定理

標本調査

とってもやさしい

中3数学

これさえあれば

授業がわかる

三訂版

解答と
解説

旺文社

1章
式の計算

1 展開って何だろう？

➡ 本冊 9ページ

❶ (1) $2a^2+ab$

(2) $-5x^2+10xy$

(3) $2a-3$

(4) $-9x+6$

解説

(1) $a(2a+b)=a\times2a+a\times b=2a^2+ab$

(2) $-5x(x-2y)=-5x\times x-5x\times(-2y)$
$=-5x^2+10xy$

(3) $(10a^2-15a)\div5a=(10a^2-15a)\times\dfrac{1}{5a}$

$=10a^2\times\dfrac{1}{5a}-15a\times\dfrac{1}{5a}$

$=2a-3$

[別解] $(10a^2-15a)\div5a=\dfrac{10a^2}{5a}-\dfrac{15a}{5a}$

$=2a-3$

(4) $(3xy-2y)\div\left(-\dfrac{y}{3}\right)$

$=(3xy-2y)\times\left(-\dfrac{3}{y}\right)$

$=3xy\times\left(-\dfrac{3}{y}\right)-2y\times\left(-\dfrac{3}{y}\right)$

$=-9x+6$

❷ (1) $ab+3a+2b+6$

(2) $xy+4x-y-4$

(3) $2a^2+3ab+b^2$

(4) $6x^2-35xy+36y^2$

解説

(1) $(a+2)(b+3)=a(b+3)+2(b+3)$
$=ab+3a+2b+6$

(2) $(x-1)(y+4)=x(y+4)-(y+4)$
$=xy+4x-y-4$

(3) $(a+b)(2a+b)$
$=a(2a+b)+b(2a+b)$
$=2a^2+ab+2ab+b^2$
$=2a^2+3ab+b^2$

(4) $(3x-4y)(2x-9y)$
$=3x(2x-9y)-4y(2x-9y)$
$=6x^2-27xy-8xy+36y^2$
$=6x^2-35xy+36y^2$

2 乗法の公式を覚えよう

➡ 本冊 11ページ

❶ (1) $a^2+7a+10$ (2) $x^2-3x-28$

(3) a^2-a-6 (4) $y^2-2y+\dfrac{3}{4}$

解説

(1) $(a+2)(a+5)=a^2+(2+5)\times a+2\times5$
$=a^2+7a+10$

(2) $(x+4)(x-7)$
$=x^2+\{4+(-7)\}\times x+4\times(-7)$
$=x^2-3x-28$

(3) $(a-3)(a+2)$
$=a^2+\{(-3)+2\}\times a+(-3)\times2$
$=a^2-a-6$

(4) $\left(y-\dfrac{1}{2}\right)\left(y-\dfrac{3}{2}\right)$

$=y^2+\left\{\left(-\dfrac{1}{2}\right)+\left(-\dfrac{3}{2}\right)\right\}\times y+\left(-\dfrac{1}{2}\right)\times\left(-\dfrac{3}{2}\right)$

$=y^2-2y+\dfrac{3}{4}$

❷ (1) a^2+2a+1 (2) $x^2+2xy+y^2$

(3) a^2-4a+4 (4) $m^2-\dfrac{2}{3}m+\dfrac{1}{9}$

解説

(1) $(a+1)^2=a^2+2\times a\times1+1^2$
$=a^2+2a+1$

(2) $(x+y)^2=x^2+2\times x\times y+y^2$
$=x^2+2xy+y^2$

(3) $(a-2)^2=a^2-2\times a\times2+2^2$
$=a^2-4a+4$

(4) $\left(m-\dfrac{1}{3}\right)^2=m^2-2\times m\times\dfrac{1}{3}+\left(\dfrac{1}{3}\right)^2$

$=m^2-\dfrac{2}{3}m+\dfrac{1}{9}$

❸ (1) a^2-4 (2) $y^2-\dfrac{4}{9}$

解説

(1) $(a+2)(a-2) = a^2 - 2^2$
　　　　　　　$= a^2 - 4$

(2) $\left(y+\dfrac{2}{3}\right)\left(y-\dfrac{2}{3}\right) = y^2 - \left(\dfrac{2}{3}\right)^2$
　　　　　　　　　　　$= y^2 - \dfrac{4}{9}$

3 くふうして展開しよう

➡ 本冊 13ページ

❶ (1) $36x^2 + 42x + 10$
　(2) $64x^2 + 32xy - 21y^2$
　(3) $100x^2 + 20x + 1$
　(4) $a^2 - 4ab + 4b^2$
　(5) $x^2 - \dfrac{1}{4}y^2$

解説

(1) $(6x+5)(6x+2)$
　$= (6x)^2 + (5+2) \times 6x + 5 \times 2$
　$= 36x^2 + 42x + 10$

(2) $(8x-3y)(8x+7y)$
　$= (8x)^2 + \{(-3y)+7y\} \times 8x + (-3y) \times 7y$
　$= 64x^2 + 32xy - 21y^2$

(3) $(10x+1)^2 = (10x)^2 + 2 \times 10x \times 1 + 1^2$
　　　　　　　$= 100x^2 + 20x + 1$

(4) $(a-2b)^2$
　$= a^2 - 2 \times a \times 2b + (2b)^2$
　$= a^2 - 4ab + 4b^2$

(5) $\left(x+\dfrac{1}{2}y\right)\left(x-\dfrac{1}{2}y\right) = x^2 - \left(\dfrac{1}{2}y\right)^2$
　　　　　　　　　　　　$= x^2 - \dfrac{1}{4}y^2$

❷ (1) $x^2 + 2xy + y^2 - 6x - 6y + 9$
　(2) $x^2 - 2xy + y^2 + 8x - 8y + 12$
　(3) $a^2 - b^2 + 10b - 25$

解説

(1) $x+y=M$ とすると,
　　$(x+y-3)^2 = (M-3)^2$
　　　　　　　　$= M^2 - 6M + 9$
　$= (x+y)^2 - 6(x+y) + 9$
　$= x^2 + 2xy + y^2 - 6x - 6y + 9$

(2) $x-y=M$ とすると,
　　$(x-y+2)(x-y+6)$

$= (M+2)(M+6)$
$= M^2 + 8M + 12$
$= (x-y)^2 + 8(x-y) + 12$
$= x^2 - 2xy + y^2 + 8x - 8y + 12$

(3) $b-5=M$ とすると,
　　$(a-b+5)(a+b-5)$
　$= \{a-(b-5)\}\{a+(b-5)\}$
　$= (a-M)(a+M)$
　$= a^2 - M^2$
　$= a^2 - (b-5)^2$
　$= a^2 - (b^2 - 10b + 25)$
　$= a^2 - b^2 + 10b - 25$

4 因数分解って何だろう？

➡ 本冊 15ページ

❶ (1) $4(x+y)$　(2) $m(x-y)$
　(3) $3a(x+2y)$　(4) $2x(x-2)$
　(5) $2ax(2x-3)$

解説

(3) 共通因数 $3a$ をくくり出します。
(4) 共通因数 $2x$ をくくり出します。
(5) 共通因数 $2ax$ をくくり出します。

❷ (1) $m(x-y+z)$
　(2) $2a(x-3y+2z)$
　(3) $4a(3a+2b-z)$

解説

(1) 共通因数 m をくくり出します。
(2) 共通因数 $2a$ をくくり出します。
(3) 共通因数 $4a$ をくくり出します。

5 $(x+a)(x+b)$ の形に因数分解しよう

➡ 本冊 17ページ

❶ (1) $(x+1)(x+4)$　(2) $(x+2)(x+5)$
　(3) $(x-1)(x-7)$　(4) $(x-2)(x-6)$
　(5) $(x+1)(x-6)$

解説

(1) 積が 4, 和が 5 となる 2 数は, 1 と 4。
(2) 積が 10, 和が 7 となる 2 数は, 2 と 5。
(3) 積が 7, 和が -8 となる 2 数は, -1 と -7。
(4) 積が 12, 和が -8 となる 2 数は, -2 と -6。
(5) 積が -6, 和が -5 となる 2 数は, 1 と -6。

6 $(x+a)^2$, $(x-a)^2$の形に因数分解しよう

➡ 本冊19ページ

❶ (1) $(x+2)^2$　(2) $(x+6)^2$
　(3) $(x-4)^2$　(4) $(x-7)^2$

解説

(1) $4=2^2$, $4x=2\times x\times 2$
(2) $36=6^2$, $12x=2\times x\times 6$
(3) $16=4^2$, $8x=2\times x\times 4$
(4) $49=7^2$, $14x=2\times x\times 7$

❷ (1) $(x+8y)^2$　(2) $(2x-9y)^2$
　(3) $\left(x+\dfrac{1}{5}y\right)^2$

解説

(1) $x^2+16xy+64y^2=x^2+2\times x\times 8y+(8y)^2$
　　　　　　　　　$=(x+8y)^2$
(2) $4x^2-36xy+81y^2$
　　$=(2x)^2-2\times 2x\times 9y+(9y)^2$
　　$=(2x-9y)^2$
(3) $x^2+\dfrac{2}{5}xy+\dfrac{1}{25}y^2$
　　$=x^2+2\times x\times \dfrac{1}{5}y+\left(\dfrac{1}{5}y\right)^2$
　　$=\left(x+\dfrac{1}{5}y\right)^2$

7 $(x+a)(x-a)$の形に因数分解しよう

➡ 本冊21ページ

❶ (1) $(x+1)(x-1)$　(2) $(x+y)(x-y)$
　(3) $(4y+3)(4y-3)$
　(4) $\left(x+\dfrac{1}{3}\right)\left(x-\dfrac{1}{3}\right)$

解説

(3) $16y^2-9=(4y)^2-3^2$
　　　　　　$=(4y+3)(4y-3)$
(4) $x^2-\dfrac{1}{9}=x^2-\left(\dfrac{1}{3}\right)^2$
　　　　$=\left(x+\dfrac{1}{3}\right)\left(x-\dfrac{1}{3}\right)$

❷ (1) $(a+2b)(a-2b)$
　(2) $(6x+7y)(6x-7y)$
　(3) $-(a+4b)(a-4b)$

---

　(4) $\left(\dfrac{a}{2}+\dfrac{b}{3}\right)\left(\dfrac{a}{2}-\dfrac{b}{3}\right)$

解説

(1) $a^2-4b^2=a^2-(2b)^2$
　　　　　　$=(a+2b)(a-2b)$
(2) $36x^2-49y^2=(6x)^2-(7y)^2$
　　　　　　　$=(6x+7y)(6x-7y)$
(3) $-a^2+16b^2=-(a^2-16b^2)$
　　　　　　　$=-(a+4b)(a-4b)$
(4) $\dfrac{a^2}{4}-\dfrac{b^2}{9}=\left(\dfrac{a}{2}\right)^2-\left(\dfrac{b}{3}\right)^2$
　　　　$=\left(\dfrac{a}{2}+\dfrac{b}{3}\right)\left(\dfrac{a}{2}-\dfrac{b}{3}\right)$

8 上手に因数分解しよう

➡ 本冊23ページ

❶ (1) $2(5x+y)(5x-y)$
　(2) $-a(x+3y)(x-3y)$
　(3) $2(x+5)^2$　(4) $3(x-8)^2$
　(5) $a(x+6)(x-5)$

解説

(1) 2をくくり出して因数分解します。
　　$50x^2-2y^2=2(25x^2-y^2)$
　　　　　　$=2(5x+y)(5x-y)$
(2) $-a$をくくり出して因数分解します。
　　$-ax^2+9ay^2=-a(x^2-9y^2)$
　　　　　　　$=-a(x+3y)(x-3y)$
(3) 2をくくり出し, 公式②の形に因数分解します。
　　$2x^2+20x+50=2(x^2+10x+25)$
　　　　　　　$=2(x+5)^2$
(4) 3をくくり出し, 公式③の形に因数分解します。
　　$3x^2-48x+192=3(x^2-16x+64)$
　　　　　　　$=3(x-8)^2$
(5) aをくくり出し, 積が-30, 和が1となる2数を見つけます。そのような2数は6と-5。
　　$ax^2+ax-30a=a(x^2+x-30)$
　　　　　　　$=a(x+6)(x-5)$

❷ (1) $(x-y+3)^2$
　(2) $(a-b+1)(a-b+4)$

(1) $x-y=M$ とおくと,
$(x-y)^2+6(x-y)+9$
$=M^2+6M+9=(M+3)^2$
$=(x-y+3)^2$

(2) $a^2-2ab+b^2+5(a-b)+4$
$=(a-b)^2+5(a-b)+4$
ここで, $a-b=M$ とおくと,
$=M^2+5M+4$
$=(M+1)(M+4)$
$=(a-b+1)(a-b+4)$

9 展開，因数分解を活用しよう

→ 本冊 25ページ

❶ 〈途中の計算は解説を参照〉
(1) 39601 (2) 89999 (3) 301

解説

(1) $199^2=(200-1)^2$
$=200^2-2\times200\times1+1^2$
$=40000-400+1$
$=39601$

(2) $301\times299=(300+1)\times(300-1)$
$=300^2-1^2$
$=90000-1$
$=89999$

(3) 151^2-150^2
$=(151+150)\times(151-150)$
$=301\times1$
$=301$

❷ (1) $\ell=4(p-q)$
(2) $S=p^2-(p-2q)^2$
$=\{p+(p-2q)\}\{p-(p-2q)\}$
$=(2p-2q)\times2q$
$=4pq-4q^2$
$=q\times4(p-q)$
(1) より, $\ell=4(p-q)$ だから,
$S=q\ell$

解説

(1) 点線の正方形の 1 辺の長さは,

$$p-\frac{q}{2}-\frac{q}{2}=p-q$$

よって, $\ell=(p-q)\times4=4(p-q)$

(2) 中の小さい正方形の 1 辺の長さは,

$p-2q$ です。

おさらい問題

→ 本冊 26ページ

❶ (1) $-4a^2+6ab$ (2) $4x-3y$
(3) $2a^2-a-6$

解説

(2) $(8x^2y-6xy^2)\times\dfrac{1}{2xy}$

$=8x^2y\times\dfrac{1}{2xy}-6xy^2\times\dfrac{1}{2xy}$

$=4x-3y$

(3) $(2a+3)(a-2)=2a^2-4a+3a-6$
$=2a^2-a-6$

❷ (1) $x^2-5x-24$ (2) $a^2-10a+24$

(3) $x^2+6ax+9a^2$

(4) $x^2-\dfrac{2}{7}x+\dfrac{1}{49}$ (5) $16x^2-9$

解説

(1) $(x+3)(x-8)=x^2+(3-8)x+3\times(-8)$
$=x^2-5x-24$

(2) $(a-6)(a-4)$
$=a^2+\{(-6)+(-4)\}a+(-6)\times(-4)$
$=a^2-10a+24$

(3) $(x+3a)^2=x^2+2\times x\times3a+(3a)^2$
$=x^2+6ax+9a^2$

(4) $\left(x-\dfrac{1}{7}\right)^2=x^2-2\times x\times\dfrac{1}{7}+\left(\dfrac{1}{7}\right)^2$

$=x^2-\dfrac{2}{7}x+\dfrac{1}{49}$

(5) $(4x+3)(4x-3)=(4x)^2-3^2$
$=16x^2-9$

❸ (1) $2x^2+15x$ (2) $2a$

解説

(1) $(x+6)(x-6)+(x+3)(x+12)$
$=(x^2-36)+(x^2+15x+36)$
$=x^2-36+x^2+15x+36$
$=2x^2+15x$

(2) $(a-4)^2-(a-8)(a-2)$
$=(a^2-8a+16)-(a^2-10a+16)$
$=a^2-8a+16-a^2+10a-16=2a$

❹ (1) $xy(x-y)$ (2) $\left(x+\dfrac{2}{9}\right)\left(x-\dfrac{2}{9}\right)$

(3) $(a+8)^2$　(4) $(x-7y)^2$

(5) $(a+5)(a-7)$　(6) $(x-3)(x-8)$

(7) $2a(y-2)(y+7)$　(8) $(a-b-2)^2$

(9) $(a+b)(a-b)(x+y)$

解説

(5) 積が−35，和が−2となる2数は5と−7
だから，
$$a^2-2a-35=(a+5)(a-7)$$

(6) 積が24，和が−11となる2数は−3，−8
だから，
$$x^2-11x+24=(x-3)(x-8)$$

(7) $2ay^2+10ay-28a=2a(y^2+5y-14)$
ここで，積が−14，和が5である2数は7
と−2だから，
$$2ay^2+10ay-28a=2a(y-2)(y+7)$$

(8) $a-b$ を M とすると，
$$(a-b)^2-4(a-b)+4=M^2-4M+4$$
$$=(M-2)^2=(a-b-2)^2$$

(9) $x+y$ を M とすると，
$$a^2(x+y)-b^2(x+y)=a^2M-b^2M$$
$$=(a^2-b^2)M$$
$$=(a+b)(a-b)M$$
$$=(a+b)(a-b)(x+y)$$

⑤ (1) 4.6　(2) 6384

解説

(1) $2.8^2-1.8^2=(2.8+1.8)\times(2.8-1.8)$
$$=4.6\times1=4.6$$

(2) $84\times76=(80+4)\times(80-4)=80^2-4^2$
$$=6400-16=6384$$

2章
平方根

10　平方根って何だろう？

→ 本冊29ページ

① (1) ±1　(2) ±5　(3) $\pm\sqrt{3}$

(4) $\pm\dfrac{1}{10}$　(5) $\pm\sqrt{\dfrac{7}{15}}$　(6) ±0.9

解説

(3)と(5)以外は根号を使わずに平方根が表せま
す。

② (1) 4　(2) −7　(3) $\dfrac{5}{6}$　(4) $-\dfrac{8}{9}$

解説

(1) 16の平方根の正のほうだから，
$$\sqrt{16}=\sqrt{4^2}=4$$

(2) 49の平方根の負のほうだから，
$$-\sqrt{49}=-\sqrt{7^2}=-7$$

(3) $\sqrt{\dfrac{25}{36}}=\sqrt{\left(\dfrac{5}{6}\right)^2}=\dfrac{5}{6}$

(4) $-\sqrt{\dfrac{64}{81}}=-\sqrt{\left(\dfrac{8}{9}\right)^2}=-\dfrac{8}{9}$

11　平方根，どちらが大きい？

→ 本冊31ページ

① (1) $\sqrt{11}<\sqrt{13}$　(2) $-\sqrt{3}>-\sqrt{5}$

(3) $7>\sqrt{47}$　(4) $-\sqrt{10}<-3$

(5) $0.8>\sqrt{0.6}$　(6) $-\sqrt{\dfrac{1}{3}}>-\sqrt{\dfrac{1}{2}}$

解説

(1) 11<13だから，$\sqrt{11}<\sqrt{13}$

(2) 3<5で$\sqrt{3}<\sqrt{5}$だから，$-\sqrt{3}>-\sqrt{5}$

(3) $7=\sqrt{49}$で，49>47だから，
$\sqrt{49}>\sqrt{47}$　よって，$7>\sqrt{47}$

(4) $3=\sqrt{9}$で，10>9だから，
$-\sqrt{10}<-\sqrt{9}$　よって，$-\sqrt{10}<-3$

(5) $0.8=\sqrt{(0.8)^2}=\sqrt{0.64}$で，0.64>0.6
だから，$\sqrt{0.64}>\sqrt{0.6}$
よって，$0.8>\sqrt{0.6}$

(6) $\dfrac{1}{3}<\dfrac{1}{2}$で，$\sqrt{\dfrac{1}{3}}<\sqrt{\dfrac{1}{2}}$だから，
$-\sqrt{\dfrac{1}{3}}>-\sqrt{\dfrac{1}{2}}$

② 4

解説

6.9696<7<7.0225だから，
2.64<$\sqrt{7}$<2.65

12 √ のついた数の乗法と除法
➡ 本冊33ページ

❶ (1) $\sqrt{10}$　(2) $\sqrt{21}$　(3) $-\sqrt{35}$
(4) $-\sqrt{24}$　(5) $\sqrt{42}$　(6) 6
(7) -4　(8) -10

解 説

(3) $\sqrt{5}\times(-\sqrt{7})=-\sqrt{5\times7}=-\sqrt{35}$
(5) $(-\sqrt{6})\times(-\sqrt{7})=\sqrt{6\times7}=\sqrt{42}$
(6) $\sqrt{3}\times\sqrt{12}=\sqrt{3\times12}=\sqrt{36}=6$
(7) $\sqrt{2}\times(-\sqrt{8})=-\sqrt{2\times8}=-\sqrt{16}=-4$
(8) $\sqrt{5}\times(-\sqrt{20})=-\sqrt{5\times20}$
$\qquad\qquad\qquad\quad=-\sqrt{100}=-10$

❷ (1) $\sqrt{5}$　(2) $\sqrt{3}$　(3) $\sqrt{7}$　(4) $\sqrt{11}$
(5) 2　(6) 5　(7) -2　(8) 7

解 説

(5) $\sqrt{12}\div\sqrt{3}=\sqrt{\dfrac{12}{3}}=\sqrt{4}=2$

(6) $\sqrt{50}\div\sqrt{2}=\sqrt{\dfrac{50}{2}}=\sqrt{25}=5$

(8) $(-\sqrt{98})\div(-\sqrt{2})=\sqrt{\dfrac{98}{2}}=\sqrt{49}=7$

13 √ のついた数を変形しよう
➡ 本冊35ページ

❶ (1) $\sqrt{8}$　(2) $\sqrt{12}$　(3) $\sqrt{80}$　(4) $\sqrt{3}$

解 説

(1) $2\sqrt{2}=2\times\sqrt{2}=\sqrt{4}\times\sqrt{2}$
$\qquad\qquad=\sqrt{4\times2}=\sqrt{8}$

(4) $\dfrac{\sqrt{27}}{3}=\dfrac{\sqrt{27}}{\sqrt{9}}=\sqrt{\dfrac{27}{9}}=\sqrt{3}$

❷ (1) $2\sqrt{5}$　(2) $2\sqrt{15}$　(3) $2\sqrt{3}$
(4) $\dfrac{\sqrt{7}}{6}$　(5) $12\sqrt{3}$

解 説

(1) $\sqrt{20}=\sqrt{4\times5}=\sqrt{4}\times\sqrt{5}=2\sqrt{5}$

(4) $\sqrt{\dfrac{14}{72}}=\sqrt{\dfrac{7}{36}}=\dfrac{\sqrt{7}}{\sqrt{36}}=\dfrac{\sqrt{7}}{6}$

(5) $\sqrt{432}=\sqrt{2^4\times3^2\times3}$
$\qquad\quad=\sqrt{2^4}\times\sqrt{3^2}\times\sqrt{3}$
$\qquad\quad=4\times3\times\sqrt{3}=12\sqrt{3}$

14 有理化って何？
➡ 本冊37ページ

❶ (1) $\dfrac{\sqrt{3}}{3}$　(2) $\dfrac{\sqrt{30}}{6}$　(3) $\dfrac{\sqrt{2}}{2}$　(4) $\sqrt{3}$

解 説

(1) $\dfrac{1}{\sqrt{3}}=\dfrac{1\times\sqrt{3}}{\sqrt{3}\times\sqrt{3}}=\dfrac{\sqrt{3}}{3}$

(2) $\dfrac{\sqrt{5}}{\sqrt{6}}=\dfrac{\sqrt{5}\times\sqrt{6}}{\sqrt{6}\times\sqrt{6}}=\dfrac{\sqrt{30}}{6}$

(3) $\dfrac{\sqrt{3}}{\sqrt{6}}=\dfrac{\sqrt{3}\times\sqrt{6}}{\sqrt{6}\times\sqrt{6}}=\dfrac{\sqrt{18}}{6}=\dfrac{3\sqrt{2}}{6}=\dfrac{\sqrt{2}}{2}$

(4) $\dfrac{\sqrt{6}}{\sqrt{2}}=\dfrac{\sqrt{6}\times\sqrt{2}}{\sqrt{2}\times\sqrt{2}}=\dfrac{\sqrt{12}}{2}=\dfrac{2\sqrt{3}}{2}=\sqrt{3}$

[別解] $\dfrac{\sqrt{6}}{\sqrt{2}}=\dfrac{\sqrt{2}\times\sqrt{3}}{\sqrt{2}}=\sqrt{3}$

15 √ をふくむ式の加法と減法
➡ 本冊39ページ

❶ (1) $5\sqrt{2}$　(2) $3\sqrt{7}$　(3) $8\sqrt{2}$
(4) $2\sqrt{6}$　(5) $\sqrt{7}$　(6) $10\sqrt{2}-7\sqrt{5}$
(7) $\dfrac{2\sqrt{6}}{3}$

解 説

(1) $3\sqrt{2}+2\sqrt{2}=(3+2)\sqrt{2}=5\sqrt{2}$
(2) $\sqrt{7}+2\sqrt{7}=(1+2)\sqrt{7}=3\sqrt{7}$
$\sqrt{7}=1\times\sqrt{7}$ に注意。
(3) $\sqrt{18}+\sqrt{50}=3\sqrt{2}+5\sqrt{2}=(3+5)\sqrt{2}=8\sqrt{2}$
(4) $8\sqrt{6}-6\sqrt{6}=(8-6)\sqrt{6}=2\sqrt{6}$
(5) $\sqrt{63}-\sqrt{28}=3\sqrt{7}-2\sqrt{7}=(3-2)\sqrt{7}=\sqrt{7}$
(6) $9\sqrt{2}-4\sqrt{5}+\sqrt{2}-3\sqrt{5}$
$\quad=9\sqrt{2}+\sqrt{2}-4\sqrt{5}-3\sqrt{5}$
$\quad=(9+1)\sqrt{2}-(4+3)\sqrt{5}$
$\quad=10\sqrt{2}-7\sqrt{5}$
(7) $\sqrt{6}-\dfrac{\sqrt{2}}{\sqrt{3}}=\sqrt{6}-\dfrac{\sqrt{2}\times\sqrt{3}}{\sqrt{3}\times\sqrt{3}}=\sqrt{6}-\dfrac{\sqrt{6}}{3}$
$\quad=\left(1-\dfrac{1}{3}\right)\sqrt{6}=\dfrac{2\sqrt{6}}{3}$

16 √ をふくむ式の乗法と除法

→ 本冊41ページ

❶ (1) $\sqrt{15}+\sqrt{21}$　(2) $2\sqrt{3}+\sqrt{30}$
　　(3) $-7-3\sqrt{3}$　(4) $11+6\sqrt{2}$
　　(5) $26-8\sqrt{10}$　(6) 10

解説

(1) $\sqrt{3}(\sqrt{5}+\sqrt{7})=\sqrt{3}\times\sqrt{5}+\sqrt{3}\times\sqrt{7}$
　　　　　　　　$=\sqrt{15}+\sqrt{21}$

(2) $\sqrt{6}(\sqrt{2}+\sqrt{5})=\sqrt{6}\times\sqrt{2}+\sqrt{6}\times\sqrt{5}$
　　$=\sqrt{12}+\sqrt{30}=2\sqrt{3}+\sqrt{30}$

(3) $x=\sqrt{3}$, $a=2$, $b=-5$ として, 乗法の公式①
　　$(x+a)(x+b)=x^2+(a+b)x+ab$ を利用します。
　　　$(\sqrt{3}+2)(\sqrt{3}-5)$
　　$=(\sqrt{3})^2+(2-5)\times\sqrt{3}+2\times(-5)$
　　$=3-3\sqrt{3}-10=-7-3\sqrt{3}$

(4) $x=\sqrt{2}$, $a=3$ として, 乗法の公式②
　　$(x+a)^2=x^2+2ax+a^2$ を利用します。
　　$(\sqrt{2}+3)^2=(\sqrt{2})^2+2\times\sqrt{2}\times3+3^2$
　　　　　　　　$=2+6\sqrt{2}+9$
　　　　　　　　$=11+6\sqrt{2}$

(5) $x=\sqrt{10}$, $a=4$ として, 乗法の公式③
　　$(x-a)^2=x^2-2ax+a^2$ を利用します。
　　$(\sqrt{10}-4)^2=(\sqrt{10})^2-2\times\sqrt{10}\times4+4^2$
　　　　　　　　$=10-8\sqrt{10}+16$
　　　　　　　　$=26-8\sqrt{10}$

(6) $x=2\sqrt{3}$, $a=\sqrt{2}$ として, 乗法の公式④
　　$(x+a)(x-a)=x^2-a^2$ を利用します。
　　$(2\sqrt{3}+\sqrt{2})(2\sqrt{3}-\sqrt{2})=(2\sqrt{3})^2-(\sqrt{2})^2$
　　　　　　　　　　　　　$=12-2$
　　　　　　　　　　　　　$=10$

17 数を分類しよう

→ 本冊43ページ

❶ (1)[ア] 有理数　[イ] 無理数
　　(2)[ウ] 有限小数
　　　[エ] 循環しない無限小数

❷ $\sqrt{\dfrac{16}{25}}$, $-\sqrt{0.25}$

解説

❷ $\sqrt{\dfrac{16}{25}}=\dfrac{4}{5}$ だから, 有理数です。

$-\sqrt{0.25}=-0.5$ だから, 有理数です。

18 有効数字って何だろう？

→ 本冊45ページ

❶ (1) $3845\leqq a<3855$　(2) $\sqrt{2}-1.41$

解説

(1) 1 の位を四捨五入して 3850 を得たのだから,
　　3845 m 以上 3855 m 未満となります。

(2) $\sqrt{2}>1.41$ だから, 誤差は,
　　　(誤差)＝(真の値)－(近似値)
　　より, $\sqrt{2}-1.41$

❷ (1) 3.4×10^2 g　(2) 1.50×10^3 mL

おさらい問題

→ 本冊46ページ

❶ (1) $11>\sqrt{10}$　(2) $-\sqrt{6}<-\sqrt{5}$

解説

(1) $11=\sqrt{121}$, $\sqrt{121}>\sqrt{10}$ だから,
　　$11>\sqrt{10}$

(2) $\sqrt{6}>\sqrt{5}$ だから, $-\sqrt{6}<-\sqrt{5}$

❷ (1) $-7\sqrt{3}$　(2) 3　(3) -3

解説

(1) $-\sqrt{7}\times\sqrt{21}=-\sqrt{147}=-\sqrt{49\times3}$
　　　　　　　　　　　　　$=-7\sqrt{3}$

[別解] $-\sqrt{7}\times\sqrt{21}=-\sqrt{7}\times\sqrt{7\times3}$
　　　　　　　　　　　$=-\sqrt{7}\times\sqrt{7}\times\sqrt{3}$
　　　　　　　　　　　$=-7\times\sqrt{3}$
　　　　　　　　　　　$=-7\sqrt{3}$

(2) $\sqrt{18}\div\sqrt{2}=\sqrt{\dfrac{18}{2}}=\sqrt{9}=3$

(3) $\sqrt{18}\div(-\sqrt{6})\times\sqrt{3}=-\sqrt{\dfrac{18\times3}{6}}$
　　　　　　　　　　　　　$=-\sqrt{9}$
　　　　　　　　　　　　　$=-3$

❸ (1) $\sqrt{45}$　(2) 0.1732　(3) $\dfrac{2\sqrt{3}}{3}$

解説

(1) $3\sqrt{5}=\sqrt{3^2\times5}=\sqrt{9\times5}=\sqrt{45}$

(2) $\sqrt{0.03}=\sqrt{\dfrac{3}{100}}=\dfrac{\sqrt{3}}{10}=1.732\div10=0.1732$

(3) $\dfrac{4}{\sqrt{12}}=\dfrac{4}{2\sqrt{3}}=\dfrac{2}{\sqrt{3}}=\dfrac{2\times\sqrt{3}}{\sqrt{3}\times\sqrt{3}}=\dfrac{2\sqrt{3}}{3}$

④ (1) $2\sqrt{5}-2\sqrt{3}$　(2) $3\sqrt{3}+6\sqrt{2}$

解説

(1) $3\sqrt{5}-4\sqrt{3}-\sqrt{5}+2\sqrt{3}$
$=(3-1)\sqrt{5}+(-4+2)\sqrt{3}=2\sqrt{5}-2\sqrt{3}$

(2) $\sqrt{12}+\sqrt{8}+\sqrt{3}+\sqrt{32}$
$=2\sqrt{3}+2\sqrt{2}+\sqrt{3}+4\sqrt{2}$
$=(2+1)\sqrt{3}+(2+4)\sqrt{2}=3\sqrt{3}+6\sqrt{2}$

⑤ (1) $5\sqrt{3}-\sqrt{10}$　(2) $-26+4\sqrt{6}$
　(3) $14+6\sqrt{5}$　(4) $12-2\sqrt{35}$
　(5) -2

解説

(1) $\sqrt{5}(\sqrt{15}-\sqrt{2})=\sqrt{5}\times\sqrt{15}-\sqrt{5}\times\sqrt{2}$
$\qquad\qquad\qquad =5\sqrt{3}-\sqrt{10}$

(2) $(\sqrt{6}+8)(\sqrt{6}-4)$
$=(\sqrt{6})^2+(8-4)\times\sqrt{6}+8\times(-4)$
$=6+4\sqrt{6}-32=-26+4\sqrt{6}$

(3) $(\sqrt{5}+3)^2=(\sqrt{5})^2+2\times\sqrt{5}\times3+3^2$
$\qquad\qquad =5+6\sqrt{5}+9=14+6\sqrt{5}$

(4) $(\sqrt{7}-\sqrt{5})^2$
$=(\sqrt{7})^2-2\times\sqrt{7}\times\sqrt{5}+(\sqrt{5})^2$
$=7-2\sqrt{35}+5=12-2\sqrt{35}$

(5) $(\sqrt{11}-\sqrt{13})(\sqrt{11}+\sqrt{13})$
$=(\sqrt{11})^2-(\sqrt{13})^2=11-13=-2$

⑥ $\sqrt{\dfrac{9}{100}}$, $\sqrt{0.04}$

解説

$\sqrt{\dfrac{9}{100}}=\dfrac{3}{10}$ だから, 有理数です。

$\sqrt{0.04}=\sqrt{(0.2)^2}=0.2$ だから, 有理数です。

⑦ (1) 49　(2) 6.38×10^3 km

解説

(1) 商を p とすると, $3.5\leqq p<4.5$ です。
　　a が最も小さい場合は, $14\times3.5=49$

3章
2次方程式

19　2次方程式って何だろう？

→ 本冊 49ページ

❶ ［ア］2次方程式　［イ］解

❷ ±4

❸ ① 0　② 0　③ 2
　④ 1　⑤ 2 (④, ⑤は順不同)

20　平方根を使って2次方程式を解こう

→ 本冊 51ページ

❶ (1) $x=\pm2$　(2) $x=\pm\dfrac{\sqrt{5}}{2}$

　(3) $x=\pm\dfrac{\sqrt{35}}{5}$　(4) $x=\pm\dfrac{\sqrt{3}}{2}$

解説

(1) $2x^2-8=0$, $2x^2=8$, $x^2=4$, $x=\pm2$

(2) $4x^2=5$, $x^2=\dfrac{5}{4}$, $x=\pm\sqrt{\dfrac{5}{4}}=\pm\dfrac{\sqrt{5}}{2}$

(3) $x=\pm\sqrt{\dfrac{7}{5}}=\pm\dfrac{\sqrt{35}}{5}$　←分母の有理化

(4) $5x^2=\dfrac{15}{4}$, $x^2=\dfrac{3}{4}$, $x=\pm\sqrt{\dfrac{3}{4}}=\pm\dfrac{\sqrt{3}}{2}$

❷ (1) $x=-1\pm\sqrt{7}$　(2) $x=5\pm\sqrt{6}$
　(3) $x=-2, 8$

解説

(1) $(x+1)^2=7$, $x+1=\pm\sqrt{7}$, $x=-1\pm\sqrt{7}$

(2) $(x-5)^2=6$, $x-5=\pm\sqrt{6}$, $x=5\pm\sqrt{6}$

(3) $(x-3)^2=25$, $x-3=\pm\sqrt{25}=\pm5$,
　$x=3-5$, $x=3+5$
　よって, $x=-2, 8$

21

式を変形させて2次方程式を解こう

➡ 本冊 53ページ

❶ (1) $x=1$　(2) $x=-3$

　(3) $x=-\dfrac{5}{2}$　(4) $x=-\dfrac{3}{2}$

解説

(1) $(x-1)^2=0$

$\qquad x-1=0$

よって, $x=1$

(2) $(x+3)^2=0$

$\qquad x+3=0$

よって, $x=-3$

(3) $\left(x+\dfrac{5}{2}\right)^2=0$

$\qquad x+\dfrac{5}{2}=0$

よって, $x=-\dfrac{5}{2}$

(4) $\qquad 4x^2+12=-9$

$\qquad 4x^2+12+9=0$

$\qquad (2x+3)^2=0$

$\qquad\quad 2x+3=0$

よって, $x=-\dfrac{3}{2}$

❷ (1) $x=-2\pm\sqrt{3}$　(2) $x=-4\pm\sqrt{19}$

　(3) $x=7\pm2\sqrt{10}$　(4) $x=8\pm3\sqrt{7}$

解説

(1) $x^2+4x=-1$

両辺に 4 の半分の 2 乗を加えると,

$\qquad x^2+4x+4=-1+4$

左辺を因数分解し, 右辺を計算すると,

$\qquad (x+2)^2=3$

$\qquad\quad x+2=\pm\sqrt{3}$

よって, $x=-2\pm\sqrt{3}$

(2) $x^2+8x=3$

両辺に 8 の半分の 2 乗を加えると,

$\qquad x^2+8x+16=3+16$

左辺を因数分解し, 右辺を計算すると,

$\qquad (x+4)^2=19$

$\qquad\quad x+4=\pm\sqrt{19}$

よって, $x=-4\pm\sqrt{19}$

(3) $x^2-14x+9=0$

右辺に 9 を移項して,

$\qquad x^2-14x=-9$

両辺に -14 の半分の 2 乗を加えると,

$\qquad x^2-14x+49=-9+49$

左辺を因数分解し, 右辺を計算すると,

$\qquad (x-7)^2=40$

$\qquad\quad x-7=\pm\sqrt{40}$

よって, $x=7\pm2\sqrt{10}$

(4) $x^2-16x+1=0$

1 を右辺に移項して,

$\qquad x^2-16x=-1$

両辺に -16 の半分の 2 乗を加えると,

$\qquad x^2-16x+64=-1+64$

左辺を因数分解し, 右辺を計算すると,

$\qquad (x-8)^2=63$

$\qquad\quad x-8=\pm3\sqrt{7}$

よって, $x=8\pm3\sqrt{7}$

22 **解の公式を覚えよう**

➡ 本冊 55ページ

❶ (1) $a=2,\ b=5,\ c=-3$

　(2) $a=3,\ b=7,\ c=2$

❷ (1) $x=\dfrac{3\pm\sqrt{13}}{2}$　(2) $x=-3,\ \dfrac{1}{2}$

　(3) $x=-1\pm\sqrt{6}$　(4) $x=\dfrac{2\pm\sqrt{2}}{2}$

解説

❷ 2 次方程式の解の公式を用います。

(1) $a=1,\ b=-3,\ c=-1$ だから,

$x=\dfrac{-b\pm\sqrt{b^2-4ac}}{2a}$

$\quad=\dfrac{-(-3)\pm\sqrt{(-3)^2-4\times1\times(-1)}}{2\times1}$

$\quad=\dfrac{3\pm\sqrt{9+4}}{2}=\dfrac{3\pm\sqrt{13}}{2}$

(2) $a=2,\ b=5,\ c=-3$ だから,

$x=\dfrac{-5\pm\sqrt{5^2-4\times2\times(-3)}}{2\times2}=\dfrac{-5\pm\sqrt{49}}{4}$

$\quad=-\dfrac{5\pm7}{4}=-3,\ \dfrac{1}{2}$

(3) $a=1$, $b=2$, $c=-5$ だから，

$$x=\frac{-2\pm\sqrt{2^2-4\times1\times(-5)}}{2\times1}$$

$$=\frac{-2\pm\sqrt{4+20}}{2}=\frac{-2\pm2\sqrt{6}}{2}=-1\pm\sqrt{6}$$

(4) $a=2$, $b=-4$, $c=1$ だから，

$$x=\frac{-(-4)\pm\sqrt{(-4)^2-4\times2\times1}}{2\times2}=\frac{4\pm\sqrt{8}}{4}$$

$$=\frac{4\pm2\sqrt{2}}{4}=\frac{2\pm\sqrt{2}}{2}$$

23 因数分解を使って2次方程式を解こう

❶ (1) $x=-4$, 3　(2) $x=\dfrac{1}{2}$, -5

(3) $x=0$, $-\dfrac{3}{2}$　(4) $x=0$, -2

(5) $x=0$, $\dfrac{4}{5}$　(6) $x=-2$, 3

(7) $x=3$, 5　(8) $x=-6$, 4

解説

(1) $x+4=0$ または $x-3=0$

よって，$x=-4$, 3

(2) $2x-1=0$ または $x+5=0$

よって，$x=\dfrac{1}{2}$, -5

(3) $x=0$ または $2x+3=0$

よって，$x=0$, $-\dfrac{3}{2}$

(4) 左辺を因数分解すると，

$x(x+2)=0$

よって，$x=0$, -2

(5) 左辺を因数分解すると，

$x(5x-4)=0$

よって，$x=0$, $\dfrac{4}{5}$

(6) 左辺を因数分解すると，

$(x+2)(x-3)=0$

よって，$x=-2$, 3

(7) 左辺を因数分解すると，

$(x-3)(x-5)=0$

よって，$x=3$, 5

(8) 左辺を因数分解すると，

$(x+6)(x-4)=0$

よって，$x=-6$, 4

24 2次方程式で文章題を解こう

❶ 8 m

解説

縦の長さを x m とすると，横の長さは
$(x+4)$m と表されます。

道を除いた部分の面積が 77 m^2 だから，

$(x-1)(x+4-1)=77$

$(x-1)(x+3)=77$

$x^2+2x-3=77$

$x^2+2x-80=0$

$(x+10)(x-8)=0$

よって，$x=-10$, 8

$x>1$ だから，$x=8$

この解は問題に合っています。

❷ 十角形

解説

$$\frac{n(n-3)}{2}=35$$

両辺に 2 をかけて整理すると，

$n^2-3n-70=0$

左辺を因数分解すると，

$(n+7)(n-10)=0$

よって，$n=-7$, 10

$n>0$ だから，$n=10$

この解は問題に合っています。

おさらい問題

❶ (1) $x=\pm\dfrac{\sqrt{33}}{3}$　(2) $x=\pm3$

(3) $x=5\pm\sqrt{6}$　(4) $x=-12$, 6

解説

(1) 分母の有理化に注意して，

$3x^2=11$, $x^2=\dfrac{11}{3}$, $x=\pm\sqrt{\dfrac{11}{3}}$, $x=\pm\dfrac{\sqrt{33}}{3}$

(2) $7x^2-63=0$, $7x^2=63$, $x^2=9$, $x=\pm3$

(3) $(x-5)^2=6$, $x-5=\pm\sqrt{6}$, $x=5\pm\sqrt{6}$

(4) $(x+3)^2=81$, $x+3=\pm9$,

$x = -3-9,\ x = -3+9$

よって, $x = -12,\ 6$

② (1) $3 \pm 2\sqrt{2}$　(2) $-2,\ 10$

解説

(1) 両辺に x の係数 -6 の半分の 2 乗を加えると, $x^2 - 6x + 9 = -1 + 9$

左辺を因数分解し, 右辺を計算すると,

$(x-3)^2 = 8$

$x - 3 = \pm 2\sqrt{2}$

$x = 3 \pm 2\sqrt{2}$

(2) 両辺に x の係数 8 の半分の 2 乗を加えると,

$x^2 - 8x + 16 = 20 + 16$

$(x-4)^2 = 36$

$x - 4 = \pm 6,$

$x = 4 - 6 = -2,\ x = 4 + 6 = 10$

よって, $x = -2,\ 10$

③ (1) $x = \dfrac{1 \pm \sqrt{37}}{6}$　(2) $x = 1 \pm \sqrt{6}$

　(3) $x = -\dfrac{1}{3},\ \dfrac{1}{2}$

解説

解の公式を用いる。

(1) $x = \dfrac{-(-1) \pm \sqrt{(-1)^2 - 4 \times 3 \times (-3)}}{2 \times 3}$

$= \dfrac{1 \pm \sqrt{37}}{6}$

(2) $x = \dfrac{-(-2) \pm \sqrt{(-2)^2 - 4 \times 1 \times (-5)}}{2 \times 1}$

$= \dfrac{2 \pm \sqrt{24}}{2} = \dfrac{2 \pm 2\sqrt{6}}{2} = 1 \pm \sqrt{6}$

(3) $x = \dfrac{-(-1) \pm \sqrt{(-1)^2 - 4 \times 6 \times (-1)}}{2 \times 6}$

$= \dfrac{1 \pm \sqrt{25}}{12} = \dfrac{1 \pm 5}{12} = -\dfrac{4}{12},\ \dfrac{6}{12}$

よって, $x = -\dfrac{1}{3},\ \dfrac{1}{2}$

④ (1) $x = 7,\ -3$　(2) $x = 4,\ 6$

　(3) $x = 0,\ -\dfrac{7}{3}$　(4) $x = -8,\ 5$

解説

(2) 左辺を因数分解すると,

$(x-4)(x-6) = 0$

よって, $x = 4,\ 6$

(3) $3x^2 + 7x = 0$

$x(3x+7) = 0$

$x = 0,\ -\dfrac{7}{3}$

(4) 右辺の項を左辺に移項して,

$x^2 + 3x - 40 = 0$

$(x+8)(x-5) = 0$

$x = -8,\ 5$

⑤ $a = -2$, 残りの解：$x = 5$

解説

$x^2 + ax - 15 = 0$ に $x = -3$ を代入して,

$9 - 3a - 15 = 0$

$-3a = 6$

よって, $a = -2$

$a = -2$ を $x^2 + ax - 15 = 0$ に代入して,

$x^2 - 2x - 15 = 0$

左辺を因数分解すると,

$(x+3)(x-5) = 0$

よって, $x = -3,\ 5$

したがって, 残りの解は $x = 5$

⑥ 8 秒後

解説

x 秒後に, $BP = (16-x)\ cm$, $BQ = x\ cm$ だから,

$\triangle PBQ = \dfrac{1}{2} \times BQ \times BP = \dfrac{1}{2}x(16-x)$

これが $\triangle ABC$ の面積の $\dfrac{1}{4}$ になるので,

$\dfrac{1}{2}x(16-x) = \dfrac{1}{2} \times 16 \times 16 \times \dfrac{1}{4}$

$x^2 - 16x + 64 = 0$

$(x-8)^2 = 0$

よって, $x = 8$

これは, $0 \leqq x \leqq 16$ より, 問題に合っています。

4章
関数 $y=ax^2$

25　2乗に比例する関数って何だろう？

➡ 本冊63ページ

❶ (1) [ア] 16　　[イ] 0　　[ウ] 5
　　(2) 4倍　　(3) $a=4$

解説

(2) x の値が1から2に2倍になると，y の値は4から16へ変化しているので，

$$\frac{16}{4}=4 \text{（倍）}$$

(3) $x=1$ のとき $y=4$ だから，
　　$4=a\times 1^2 \rightarrow a=4$

❷ (1) $y=\pi x^2$　　(2) $y=16\pi$　　(3) $x=6$

解説

(2) 比例定数は π だから，
　　$y=\pi\times 4^2=16\pi$

(3) $y=36\pi$ のとき，
　　$36\pi=\pi x^2$
　　　$x^2=36 \rightarrow x=\pm 6$
　　$x>0$ だから，$x=6$

26　$y=x^2$ のグラフってどんな形？

➡ 本冊65ページ

❶ (1) [ア] 25　　[イ] 16　　[ウ] 4
　　(2) ① 4　　② 9　　③ n^2
　　(3) 下の図

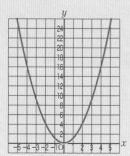

解説

(3) $(-5, 25), (-4, 16), (-3, 9), (-2, 4),$
　　$(-1, 1), (0, 0), (1, 1), (2, 4), (3, 9),$
　　$(4, 16), (5, 25)$ を通り，y 軸について線対称ななめらかな曲線となる。

27　$y=ax^2$ のグラフはどんな形？

➡ 本冊67ページ

❶ (1) 下の図

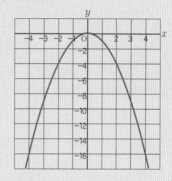

　　(2) 下の図

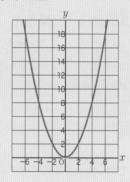

❷ (1) ア　　(2) エ　　(3) ウ　　(4) イ

解説

❷ (1) と (4) は上に開いてるからアかイです。
また，比例定数の絶対値が大きい (1) のほうが開き方が小さいです。
よって，(1) がア，(4) がイ。
(2) と (3) は下に開いているからウかエです。
また，比例定数の絶対値が大きい (3) のほうが開き方が小さいです。
よって，(3) がウ，(2) がエ。

28 a の値の求め方

→ 本冊69ページ

❶ (1) $y=3x^2$　(2) $y=-4x^2$

❷ (1) $a=\dfrac{1}{2}$　(2) $\dfrac{9}{2}$　(3) ±6

【解説】

❷ (1) $y=ax^2$ に $x=4$, $y=8$ を代入して，

$8=a\times4^2=16a$

よって，$a=\dfrac{1}{2}$

(2) $y=\dfrac{1}{2}x^2$ に $x=-3$ を代入して，

$y=\dfrac{1}{2}\times(-3)^2=\dfrac{1}{2}\times9=\dfrac{9}{2}$

(3) $18=\dfrac{1}{2}\times x^2$

$x^2=36$

$x=\pm6$

29 y の値は増える？ 減る？

→ 本冊71ページ

❶ y の値が増加する範囲：$x<0$ の範囲

$x=0$ のときの y の値：0

【解説】

比例定数が -1 だから，グラフは x 軸の下側にあります。

$x<0$ の範囲は，x の値が増加するにつれて，y の値は増加します。

$x>0$ の範囲は，x の値が増加するにつれて，y の値は減少します。

また，$x=0$ のとき，最大値 $y=0$ をとります。

❷ y の値が増加する範囲：$x<0$ の範囲

$x=0$ のときの y の値：$y=0$

【解説】

$x<0$ の範囲では，x の値が減少するにつれて，y の値は増加します。

比例定数は正だから，$x=0$ のとき，y は最小値 0 をとります。

❸ ⑦，⑦，⑦

【解説】

⑦…$x>0$ の範囲では，x の値が増加すると，y の値は増加します。

⑦…x の範囲にかかわらず，x の値が増加すると，y の値は増加します。

⑦…$x>0$ の範囲では，x の値が増加すると，y の値は増加します。

⑦…比例定数が負だから，グラフは x 軸の下側にあります。$x>0$ の範囲では，x の値が増加すると，y の値は減少します。

30 y の値はどこからどこまで？

→ 本冊73ページ

❶ (1) 下の図

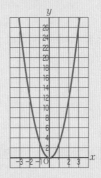

(2) $3\leqq y\leqq12$

(3) 最小値：0, 最大値：27

【解説】

(2) y の最小値は $x=1$ のとき，$y=3$

y の最大値は $x=2$ のとき，$y=12$

(3) x の変域に 0 をふくむ場合です。

$0\leqq x\leqq3$ のとき，y の変域は $0\leqq y\leqq27$

❷ (1) 下の図

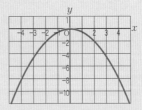

(2) $-8\leqq y\leqq0$

(3) 最小値：-8, 最大値：-2

【解説】

(2) x の変域に 0 をふくむ場合です。

y の最小値は $x=4$ のとき，$y=-8$

y の最大値は $x=0$ のとき，$y=0$

(3) x の変域に 0 をふくまない場合です。

y の最小値は $x=-4$ のとき，$y=-8$

y の最大値は $x=-2$ のとき，$y=-2$

31 変化の割合は1次関数と同じ？

→ 本冊 75ページ

① 10

解説

x の増加量＝4－1＝3

y の増加量＝$2×4^2－2×1^2$＝32－2＝30

変化の割合＝$\dfrac{y \text{ の増加量}}{x \text{ の増加量}}$＝$\dfrac{30}{3}$＝10

② 21

解説

x の増加量＝$(-2)-(-5)$＝$-2+5$＝3

x＝-5 のとき，y＝$-3×(-5)^2$＝-75

x＝-2 のとき，y＝$-3×(-2)^2$＝-12

y の増加量＝$(-12)-(-75)$＝$-12+75$

$\qquad\qquad$＝63

変化の割合＝$\dfrac{y \text{ の増加量}}{x \text{ の増加量}}$＝$\dfrac{63}{3}$＝21

③ 秒速 12 m

解説

x の増加量：4－2＝2（秒）

また，$2×2^2$＝8（m）

$\qquad\quad 2×4^2$＝32（m）

よって，y の増加量は，

$\qquad$ 32－8＝24（m）

24 m を 2 秒で進むから，

平均の速さは $\dfrac{24}{2}$＝12 より，秒速 12 m

32 関数 $y=ax^2$ の文章題を解こう

→ 本冊 77ページ

① (1) 1 m　(2) 3秒

解説

(1) x＝2 を $y=\dfrac{1}{4}x^2$ に代入して，y＝1

(2) $y=\dfrac{9}{4}$ を $y=\dfrac{1}{4}x^2$ に代入すると，

$\dfrac{9}{4}=\dfrac{1}{4}x^2$ より，x^2＝9，x＝$±3$

$x≧0$ だから，x＝3

よって，往復するのにかかる時間は 3 秒。

② 秒速 30 m

解説

x の増加量は，60－30＝30

y の増加量は，

$\dfrac{1}{3}×60^2-\dfrac{1}{3}×30^2$＝1200－300＝900

よって，求める平均の速さは，

$\dfrac{900}{30}$＝30（m／秒）

③ 時速 60 km

解説

y＝18 を $y=0.005x^2$ に代入して，

18＝$0.005x^2$

x^2＝3600

$x≧0$ だから，x＝60

33 放物線と直線が交わると…

→ 本冊 79ページ

① (1) $y=-x+2$　(2) 3

解説

(1) 点A，B の y 座標は，それぞれ

$\qquad$ A：$y=(-2)^2$＝4

$\qquad$ B：$y=1^2$＝1

$\qquad$ よって，A$(-2, 4)$，B$(1, 1)$

$\qquad$ 直線 AB の傾きは，

$\qquad\dfrac{1-4}{1-(-2)}=\dfrac{-3}{3}$＝$-1$

$\qquad$ 求める直線の式を $y=-x+b$ とおいて，

$\qquad x$＝1，y＝1 を代入して，

$\qquad$ 1＝$-1+b$，b＝2

$\qquad$ したがって，求める直線の式は，

$\qquad y=-x+2$

(2) 直線 AB と y 軸との交点を C とすると，

$\qquad$ C の y 座標は 2 である（$y=-x+2$ の切片）。

$\qquad$ OC を底辺として，△OAC の高さを点 A の

$\qquad x$ 座標の絶対値 2 として，

$\qquad$△OAC＝$\dfrac{1}{2}×2×2$＝2

$\qquad$ 同様に，△OBC の高さを点 B の x 座標の絶

$\qquad$ 対値 1 として，

$\qquad$△OBC＝$\dfrac{1}{2}×2×1$＝1

$\qquad$ したがって，

$\qquad$△AOB＝2＋1＝3

❷ (1) $y=\dfrac{1}{2}x+1$ (2) 2

解説

(1) 点 A, B の y 座標は, それぞれ

$$A: y=\dfrac{1}{2}\times(-1)^2=\dfrac{1}{2}$$

$$B: y=\dfrac{1}{2}\times 2^2=2$$

よって, $A\left(-1, \dfrac{1}{2}\right)$, B(2, 2)

点 A から点 B までの x の増加量は,

$$2-(-1)=3$$

y の増加量は, $2-\dfrac{1}{2}=\dfrac{3}{2}$

よって, 直線 AB の傾きは,

$$\dfrac{3}{2}\div 3=\dfrac{1}{2}$$

求める直線の式を $y=\dfrac{1}{2}x+b$ とおいて,

$x=2$, $y=2$ を代入して,

$$2=\dfrac{1}{2}\times 2+b$$

$$b=1$$

したがって, 求める直線の式は,

$$y=\dfrac{1}{2}x+1$$

(2) $y=\dfrac{1}{2}x+1$ に $y=0$ を代入して, $x=-2$

これが点 C の x 座標です。

OC$=0-(-2)=2$ を底辺とし, 点 B の y 座標 2 を高さとして,

$$\triangle BCO=\dfrac{1}{2}\times 2\times 2=2$$

おさらい問題

→ 本冊80ページ

❶ (1) $y=\dfrac{1}{3}x^2$ (2) $y=-2x^2$

解説

(1) $y=ax^2$ に $x=6$, $y=12$ を代入して a の値を求めます。

(2) $y=ax^2$ に $x=2$, $y=-8$ を代入して a の値を求めます。

❷ (1) $2\leqq y\leqq 18$ (2) $0\leqq y\leqq 18$

解説

簡単なグラフをかきます。

(1) $x=1$ のとき, 最小値 $y=2$
   $x=3$ のとき, 最大値 $y=18$

(2) $x=0$ のとき, 最小値 $y=0$
   $x=-3$ のとき, 最大値 $y=18$

❸ $y=2x^2\cdots$①, $y=-x^2\cdots$③,
   $y=\dfrac{1}{4}x^2\cdots$②, $y=-\dfrac{1}{3}x^2\cdots$④

解説

$y=2x^2$ と $y=\dfrac{1}{4}x^2$ は上側に開いています。

また, 比例定数の絶対値の大きいほうが開き方は小さいから, $y=2x^2$ は①。

$y=-x^2$ と $y=-\dfrac{1}{3}x^2$ は下側に開いています。

また, 比例定数の絶対値の大きいほうが, 開き方は小さいから, $y=-x^2$ は③。

❹ (1) 3 (2) -3

解説

(1) y の増加量は, $\dfrac{1}{2}\times 4^2-\dfrac{1}{2}\times 2^2=6$

   変化の割合は, $\dfrac{6}{4-2}=3$

(2) y の増加量は, $\dfrac{1}{2}\times(-2)^2-\dfrac{1}{2}\times(-4)^2=-6$

   変化の割合は, $\dfrac{-6}{(-2)-(-4)}=-3$

❺ (1) $y=\dfrac{3}{400}x^2$ ($y=0.0075x^2$)
   (2) 27 m

解説

(1) $y=ax^2$ とおいて, $x=40$, $y=12$ を代入すると, $12=a\times 40^2=1600a$, $a=\dfrac{3}{400}$

(2) $y=\dfrac{3}{400}x^2$ に $x=60$ を代入して, $y=27$

❻ (1) A$(-1, 1)$, B(3, 9)
   (2) $y=2x+3$ (3) 6

解説

(1) 点 A, B の y 座標は,
   $A: y=(-1)^2=1$
   $B: y=3^2=9$

16

(2) 傾きは, $\dfrac{9-1}{3-(-1)}=\dfrac{8}{4}=2$

求める直線の式を $y=2x+b$ として,
$x=-1$, $y=1$ を代入して,
$1=-2+b$,
$b=3$
したがって, 求める直線の式は,
$\quad y=2x+3$

(3) 直線 AB と y 軸との交点を C とします。
C の y 座標は 3 だから, OC=3
OC を底辺として, 点 A の x 座標の絶対値
1 を高さとすると,
$$\triangle OAC=\dfrac{1}{2}\times 3\times 1=\dfrac{3}{2}$$
同様に,
$$\triangle OBC=\dfrac{1}{2}\times 3\times 3=\dfrac{9}{2}$$
したがって,
$\triangle AOB=\triangle OAC+\triangle OBC$
$$=\dfrac{3}{2}+\dfrac{9}{2}=\dfrac{12}{2}=6$$

5 章
相似な図形

34 相似って何だろう？
→ 本冊83ページ

❶ (1)[ア] B´C´　[イ] C´A´　(2)[ウ] C

❷ (1) 1：2　(2) 10 cm　(3) 80°

解説
❷ (1) 最も簡単な整数の比で表して,
$\quad$ 2：4=1：2
(2) DC：HG=1：2
$\qquad$ 5：HG=1：2
$\qquad\qquad$ HG=10
(3) ∠H に対応する角は∠D で,
$\quad$ ∠H=∠D=360°-(130°+80°+70°)
$\qquad\qquad$ =80°

35 三角形が相似になるには
→ 本冊85ページ

❶ ①㋒, 3 組の辺の比が, それぞれ等しい。
②㋒, 2 組の角が, それぞれ等しい。
③㋕, 2 組の辺の比とその間の角が, それぞれ等しい。

❷△AED, 2 組の角が, それぞれ等しい。

解説
❷△ABC と△AED で,
∠ABC=∠AED　(=60°)
∠BAC=∠EAD
2 組の角がそれぞれ等しいから,
△ABC∽△AED

36 2つの三角形は相似？
→ 本冊87ページ

❶ [ア] 3：2　[イ] 3：2
[ウ] 2 組の辺の比とその間の角が, それぞれ等しい

❷ (1) 2 組の辺の比とその間の角が, それぞれ等しい。
(2) 3：2　(3) $\dfrac{16}{3}$ cm

解説
❷ (2) △ABC∽△DEF で相似比は,
$\qquad\qquad$ 6：4=3：2
(3) AC：DF=3：2
$\qquad$ 8：DF=3：2
$\qquad$ 3 DF=8×2
$\qquad\qquad$ DF=$\dfrac{16}{3}$ cm

37 平行線があると線分の比がわかる
→ 本冊89ページ

❶ (1) $x=3.8$, $y=4.5$
(2) $x=9$, $y=11.2$

解説
(1) x：9.5=2：(2+3)
$\qquad$ $5x=9.5\times 2 \rightarrow x=3.8$
$\quad$ 2：3=3：y
$\qquad$ $2y=3\times 3 \rightarrow y=4.5$

(2) $4.5 : x = 4 : 8$
$4x = 4.5 \times 8$
$x = 9$
$5.6 : y = 4 : 8$
$4y = 5.6 \times 8$
$y = 11.2$

❷ (1) $x = 2.4,\ y = \dfrac{20}{3}$

(2) $x = 6.4,\ y = 9.6$

【解説】

(1) $x : 4 = 3 : 5$
$5x = 4 \times 3$
$x = 2.4$
$4 : y = 3 : 5$
$3y = 4 \times 5$
$y = \dfrac{20}{3}$

(2) $5 : 8 = 4 : x$
$5x = 8 \times 4$
$x = 6.4$
$5 : 8 = 6 : y$
$5y = 8 \times 6$
$y = 9.6$

❸ (1) [ア] AC [イ] DC

(2) 6 cm

【解説】

(2) (1) より, AB : AC = BD : DC
よって, 9 : 6 = BD : (10−BD)
したがって, 6 BD = 9 (10−BD)
$15\,BD = 90$
$BD = 6$ cm

[参考] 角の二等分線と線分の比の証明
[証明]

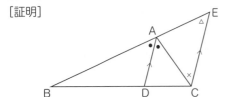

AD∥EC だから,
∠BAD = ∠AEC (同位角) …①
∠DAC = ∠ACE (錯角) …②
線分 AD は∠BAC の二等分線だから,
∠BAD = ∠DAC …③
①, ②, ③より,
∠AEC = ∠ACE

よって, AC = AE …④
また, 平行線と線分の比より,
AB : AE = BD : DC …⑤
④, ⑤より,
AB : AC = BD : DC

38 線分の比が等しければ平行？

➡ 本冊91ページ

❶ (1) $x = 10$　　(2) $x = 4.8$　　(3) $x = 12$

【解説】

(1) $x : 15 = 8 : 12$
$12x = 15 \times 8$
$x = 10$

(2) $6 : x = 10 : (18 − 10)$
$10x = 6 \times 8$
$x = 4.8$

(3) $7 : 14 = 1 : 2$ だから,
$6 : x = 1 : 2$
$x = 6 \times 2 = 12$

❷ (1) 下の図

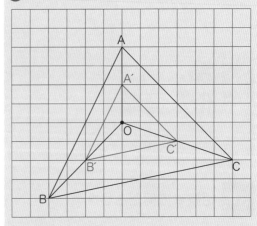

(2) 下の図

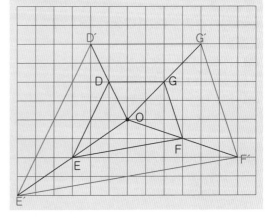

39 2点の中点を結ぶと何がわかる？

➡ 本冊93ページ

❶ (1) [ア] 中点　[イ] $\frac{1}{2}$BD　[ウ] CBD

[エ] $\frac{1}{2}$BD　[オ] QR

[オ] 1組の向かい合う辺が，等しくて平行

❷ (1) △GFC　(2) 5 cm

解説

❷ (1) △AFD と △GFC
で，F は DC の中点
だから，
　FD＝FC　…①
平行線の錯角は等しいから，
　∠ADF＝∠GCF　…②
対頂角だから，
　∠AFD＝∠GFC　…③
①，②，③より，1組の辺とその両端の角が，
それぞれ等しいから，
　△AFD≡△GFC

(2) △ABG で，2点 E, F は辺 AB, AG の中点

だから，中点連結定理より，EF＝$\frac{1}{2}$BG

(1) より，CG＝DA＝4 cm だから，
　BG＝BC＋CG＝6＋4＝10 (cm)

EF＝$\frac{1}{2}$×10＝5 (cm)

[参考] 中点連結定理の証明
[証明]

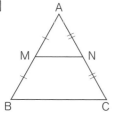

M, N はそれぞれ，辺 AB, AC の中点だから，
　AM：AB＝AN：AC
線分の比と平行線より，
　MN∥BC
　MN：BC＝AM：AB＝1：2

よって，MN＝$\frac{1}{2}$BC

40 面積の比，体積の比はどうなる？

➡ 本冊95ページ

❶ (1) 5：2　(2) 25：4　(3) 8 cm²

解説

(1) 相似比は最も簡単な整数の比で表します。
　10：4＝5：2
(2) 面積の比は相似比の2乗に等しいから，
　△ABC：△A′B′C′＝5^2：2^2＝25：4
(3) △A′B′C′ の面積を S とすると，
　50：S＝25：4
　　25S＝50×4
　　　S＝8 cm²

❷ (1) 2：3　(2) 72 cm²　(3) 16 cm³

解説

(1) 相似比は最も簡単な整数の比で表します。
　4：6＝2：3
(2) 三角錐 E-FGH の表面積を S とします。
　相似な立体の表面積の比は，相似比の2乗
　に等しいから，
　　32：S＝2^2：3^2＝4：9
　　　4S＝32×9
　　　　S＝72 cm²
(3) 三角錐 A-BCD の体積を V とすると，相似
　な立体の体積の比は，相似比の3乗に等し
　いから，
　　V：54＝2^3：3^3＝8：27
　　　27V＝54×8
　　　　V＝16 cm³

[参考] 相似な三角形の面積の比の証明
相似比が 1：k である2つの三角形△ABC と
△A′B′C′ で，
・△ABC の底辺を a, 高さを h, 面積を S とする。
・△A′B′C′ の底辺を a', 高さを h', 面積を S'
　とする。

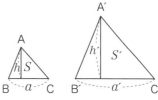

a：a'＝1：k より，a'＝ka

同様に，h'＝kh となるから，S＝$\frac{1}{2}ah$

$$S' = \frac{1}{2}a'h' = \frac{1}{2} \times ka \times kh$$

$$= k^2 \times \frac{1}{2}ah = k^2 S$$

よって,

$$S : S' = S : k^2 S = 1 : k^2$$

したがって, 相似比が $1 : k$ である相似な三角形の面積の比は, $1 : k^2$ となる.

41 木の高さは何メートル？

→ 本冊 97ページ

❶ 41 m

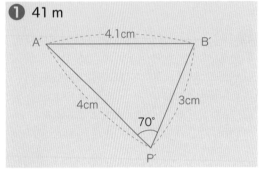

解説

縮図で, A'B'=4.1 cm だから,
　AB=4.1×1000=4100 (cm)
　4100 cm=41 m

❷ 12 m

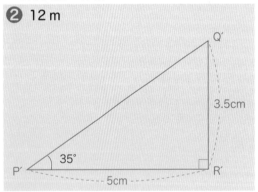

解説

縮図で, Q'R'=3.5 cm だから,
　QR=3.5×300=1050 (cm)
　1050 cm=10.5 m
したがって, 校舎の高さは,
　10.5+1.5=12 (m)

おさらい問題

→ 本冊 98ページ

❶ (1) 5 : 3　(2) 40°　(3) 10 cm
　(4) 25 : 9

解説

(3) CA : C'A'=5 : 3
　　CA : 6=5 : 3
　　　3 CA=6×5
　　　　CA=10 cm
(4) 相似比が 5 : 3 なので,
　　面積の比, $5^2 : 3^2 = 25 : 9$

❷ (1) △ABC と △DAC で,
　　仮定より, ∠ABC=∠DAC …①
　　共通な角だから,
　　∠BCA=∠ACD …②
　　①, ②より, 2 組の角がそれぞれ等しいから,
　　△ABC∽△DAC
　(2) 4 : 3　(3) 6 cm

解説

(2) △DAC の辺 DA の対応する △ABC の辺は辺 AB。
　　相似比は, 12 : 9=4 : 3
(3) CA : CD=4 : 3
　　　8 : CD=4 : 3
　　　4 CD=8×3
　　　　CD=6 cm

❸ (1) x=2.4, y=3.9
　(2) x=3, y=3.6

解説

(1) x : 6=2 : (2+3)
　　　5x=6×2
　　　x=2.4
　　2.6 : y=2 : 3
　　　2y=2.6×3
　　　y=3.9
(2) x : 4.5=2 : 3
　　　3x=4.5×2
　　　x=3
　　2.4 : y=2 : 3
　　　2y=2.4×3
　　　y=3.6

④ (1) 3 cm　(2) 9 cm

解説

(1) △AEC において，D は辺 AE の中点，F は
辺 AC の中点だから，中点連結定理より，
$$DF = \frac{1}{2}EC = \frac{1}{2} \times 6 = 3 \text{ (cm)}$$

(2) (1) より，DF∥EC，すなわち EC∥DG
また，BE：ED＝1：1 だから，「平行線と線分
の比」(p.88) より，BC：CG＝1：1
したがって，△BDG において，E は辺 BD の
中点で，C は辺 BG の中点だから，中点連結
定理より，
$$DG = 2CE = 2 \times 6 = 12 \text{ (cm)}$$
(1) より，DF＝3 cm だから，
$$FG = DG - DF = 12 - 3 = 9 \text{ (cm)}$$

⑤ 7.5

解説

「線分の比と平行線」(p.90) より，
$$5 : x = 4 : 6$$
であれば，ED∥BC だから，
$$4x = 5 \times 6 \rightarrow x = 7.5$$

⑥ (1) 4：9　(2) 32 cm³

解説

(1) 相似な立体の表面積の比は，相似比の 2 乗
に等しいから，求める面積の比は，
$$2^2 : 3^2 = 4 : 9$$

(2) 相似な立体の体積の比は，相似比の 3 乗に等
しいから，体積の比は，$2^3 : 3^3 = 8 : 27$
よって，(P の体積)：(Q の体積)＝8：27
$$(\text{P の体積}) : 108 = 8 : 27$$
$$27 \times (\text{P の体積}) = 108 \times 8$$
したがって，　　(P の体積)＝32 cm³

6章
円の性質

42　円周角って何だろう？

→ 本冊 101ページ

❶ (1) 50°　(2) 40°　(3) 37°
　　(4) 90°　(5) 30°　(6) 12°

解説

(1) 円周角の定理より，
$$\angle x = \frac{1}{2} \angle BOC = \frac{1}{2} \times 100° = 50°$$

(2) (1) と同様にして，
$$\frac{1}{2} \angle BOC = 20°$$
$$\angle BOC = 20° \times 2 = 40°$$

(3) 弧 BC に対する円周角だから，
$$\angle x = \frac{1}{2} \angle BOC = \frac{1}{2} \times 74° = 37°$$

(4) 半円の弧に対する円周角だから，
$$\angle ACB = 90°$$

(5) ∠BOC＝2∠BAC＝2×60°＝120°
△OBC は二等辺三角形だから，
$$\angle x = (180° - 120°) \div 2 = 30°$$

(6) BD は直径だから，半円の弧に対する円周角
より，∠BCD＝90°
よって，∠ACD＝90°−78°＝12°
同じ弧 AD に対する円周角は等しいから，
∠x＝∠ACD＝12°

❷ (1) 40°　(2) 50°　(3) 40°

解説

(1) 1 つの円で等しい弧 (⌒AB＝⌒CD) に対する円
周角は等しいから，∠x＝40°

(2) 1 つの円で等しい弧 (⌒AB＝⌒BC) に対する円
周角は等しいので，中心角∠BOC は 25°の 2
倍で，∠x＝25°×2＝50°

(3) 1 つの円で円周角は弧の長さに比例します。
よって，∠x＝20°×2＝40°

43 円周角の定理を逆にみると…

❶ ⑦, ⑨

解説

⑦∠ADB＝∠ACB で，D,C は直線 AB について同じ側にあるから，4 点 A，B，C，D は同じ円周上にあります。

④∠BAC≠∠BDC より，4 点 A，B，C，D は同じ円周上にありません。

⑨∠ACB＝∠ADB であるかを調べてみます。AC と BD の交点を E とすると，△BCE の内角と外角の性質より，

$$20°+∠BCE＝100°$$
$$∠BCE＝100°-20°＝80°$$

よって，D,C は直線 AB について同じ側にあるから，4 点 A，B，C，D は同じ円周上にあります。

❷ 28°

解説

∠BAC＝∠BDC＝90°だから，円周角の定理の逆より，4 点 A，B，C，D は線分 BC を直径とする円の周上にあります。

よって，$\overset{\frown}{AD}$ に対する円周角より，

$$∠x＝∠ACD＝∠ABD＝28°$$

❸ (1) ∠x＝42°，∠y＝28°
(2) ∠x＝58°，∠y＝101°

解説

(1) ∠BAC＝∠BDC だから，4 点 A，B，C，D は同じ円周上にあります。
　　$\overset{\frown}{AB}$ に対する円周角より，
　　　∠ACB＝∠ADB
　　よって，∠x＝∠ADB＝42°
　　また，△ABC の内角の和より，
　　　60°+∠y+50°+∠x＝180°
　　つまり，60°+∠y+50°+42°＝180°
　　よって，∠y＝28°

(2) ∠CAD＝∠CBD より，4 点 A，B，C，D は同じ円周上にあります。よって円周角の定理より，∠x＝∠BAC＝58°
　　AC と BD の交点を E とすると△CDE の内角と外角の関係より，
　　　∠y＝∠x+43°＝58°+43°＝101°

44 円に接線をひく

→ 本冊105ページ

❶ ［ア］円周角　［イ］PBO　［ウ］接線

❷ 70°

解説

❷円外の 1 点からその円にひいた 2 つの接線の長さは等しいから，PA＝PB
つまり，△PAB は二等辺三角形です。
よって，∠PAB＝(180°-40°)÷2＝70°

❸ 20 cm

解説

円外の 1 点 C から半円 O にひいた 2 つの接線の長さは等しいから，CA＝CP＝8 cm。
同様に，円外の 1 点 D から半円 O にひいた 2 つの接線の長さは等しいから，DB＝DP＝12 cm
よって，CD＝CP+DP＝8+12＝20 (cm)

45 どれとどれが相似？

→ 本冊107ページ

❶ (1) △ADP と△CBP で，
　　$\overset{\frown}{AC}$ に対する円周角より，
　　　∠ADP＝∠CBP　…①
　　$\overset{\frown}{BD}$ に対する円周角より，
　　　∠DAP＝∠BCP　…②
　　①，②より，2 組の角がそれぞれ等しいから，△ADP∽△CBP
(2) x＝2

解説

(2) (1)より対応する辺の比は等しいから，
　　　AP：CP＝DP：BP
　　よって，9：3＝6：x
　　　9x＝3×6 → x＝2

❷ (1) △ABE と△ACD で，
　　$\overset{\frown}{ED}$ に対する円周角より，
　　　∠ABE＝∠ACD　…①
　　共通な角より，
　　　∠EAB＝∠DAC　…②
　　①，②より，2 組の角が，それぞれ等しいから，△ABE∽△ACD
(2) x＝6

22

解説

(2) 対応する辺の比は等しいから，

$$AE : AD = AB : AC$$

よって，$5 : x = 10 : 12$

$$10x = 5 \times 12$$
$$x = 6$$

❸ (1) △ABP と△DCP で，

　　$\overset{\frown}{BC}$ に対する円周角より，

　　　　∠BAP＝∠CDP　…①

　　$\overset{\frown}{AD}$ に対する円周角より，

　　　　∠ABP＝∠DCP　…②

　　①，②より，2 組の角が，それぞれ
　　等しいから，△ABP∽△DCP

(2) $x = 6$

解説

(2) 対応する辺の比は等しいから，

$$AP : DP = BP : CP$$

よって，$(7-x) : 3 = 2 : x$

$$(7-x) \times x = 6$$
$$7x - x^2 = 6$$
$$x^2 - 7x + 6 = 0$$
$$(x-1)(x-6) = 0$$

したがって，　$x = 1, 6$

AP＜CPなので，$x = 6$

おさらい問題

→ **本冊**108ページ

❶ (1) 70°　(2) 25°　(3) 48°
　　(4) 58°　(5) 40°　(6) 62°

解説

(2) 円周角の定理より，

$$\angle x = \frac{1}{2}\angle BOC = \frac{1}{2} \times 50° = 25°$$

(3) △OAB は OA＝OB の二等辺三角形だから，

$$\angle AOB = 180° - 42° \times 2 = 96°$$

円周角の定理より，

$$\angle x = \frac{1}{2}\angle AOB = \frac{1}{2} \times 96° = 48°$$

(4) BD は円Oの直径で，半円の弧に対する円周
角は90°だから，∠BAD＝90°

よって，∠CAD＝90°－32°＝58°

$\overset{\frown}{CD}$ に対する円周角より，

　　∠x＝∠CAD＝58°

(5) 円周角の定理より，

$$\angle BAC = \frac{1}{2}\angle BOC = \frac{1}{2} \times 130° = 65°$$

AとOを直線で結ぶ。△OAB は OA＝OB
の二等辺三角形だから，∠OAB＝25°

よって，

∠OAC＝∠BAC－∠OAB＝65°－25°＝40°

△OAC も OA＝OC の二等辺三角形だから，

　　∠x＝∠OAC＝40°

(6) BとEを直線で結ぶ。

$\overset{\frown}{BC}$ に対する円周角より，

　　∠BEF＝∠BAC＝24°

$\overset{\frown}{CD}=\overset{\frown}{DE}$ で，等しい弧に対する円周角は等
しいから，

　　∠EBF＝∠CED＝38°

△EBF で，内角と外角の関係（三角形の 1
つの外角は，それととなり合わない 2 つの内
角の和に等しい）より，

　　∠x＝∠BEF＋∠EBF
　　　　＝24°＋38°＝62°

❷ ⑦

解説

⑦は∠BAC＝∠BDC となっており，円周角の定
理の逆より，4 点 A，B，C，D は同じ円周上にあ
ります。

❸ 60°

解説

円周角の定理の逆より，∠ADB＝∠ACB＝60°

❹ (1) [ア] 錯角　[イ] ∠CAD
　　　[ウ] 円周角
　　(2) $\overset{\frown}{AB}=\overset{\frown}{CD}$ より，1 つの円で，等しい
　　　弧に対する円周角の大きさは等し
　　　いから，∠ACB＝∠CAD
　　　よって，錯角が等しいから，AD∥BC

解説

(1) 弧と円周角の性質「1 つの円で，等しい円周
　角に対する弧の長さは等しい」を使っていま
　す。

❺ $\angle x = 68°$，AQ＝7 cm

解説

円周角の定理より，$\angle PRQ = \frac{1}{2}\angle POQ$

よって，∠POQ＝68°×2＝136°

△POQ は OP＝OQ の二等辺三角形だから，

$\angle OPQ＝(180°－136°)÷2＝22°$

また，AP は円 O の接線だから，

$\angle APO＝90°$

したがって，$\angle x＝90°－22°＝68°$

また，円外の 1 点からひいた接線の長さは等しいから，AQ＝AP＝7 cm

❻ (1) △ABE と△ADC で，

$\overset{\frown}{DB}$ に対する円周角だから，

$\angle AEB＝\angle ACD$ …①

共通な角だから，

$\angle BAE＝\angle DAC$ …②

①，②より，2 組の角がそれぞれ等しいから，△ABE∽△ADC

(2) $x＝5$

解説

(2) △ABE∽△ADC だから，

$AB：AD＝AE：AC$

$x：6＝(6＋4)：(x＋7)$

$x(x＋7)＝60$

$x^2＋7x－60＝0$

$(x＋12)(x－5)＝0$

$x＞0$ だから，$x＝5$

7章
三平方の定理

46 三平方の定理って何だろう？

→ 本冊111ページ

❶ (1) $2\sqrt{5}$ cm　(2) $\sqrt{65}$ cm

(3) 15 cm　(4) 8 cm

解説

残りの辺を x cm とする。

(1) $4^2＋2^2＝x^2$

$16＋4＝x^2$

$x^2＝20$

$x＞0$ より，$x＝\sqrt{20}＝2\sqrt{5}$

(2) $7^2＋4^2＝x^2$

$49＋16＝x^2$

$65＝x^2$

$x＞0$ より，$x＝\sqrt{65}$

(3) $x^2＋10^2＝(5\sqrt{13})^2$

$x^2＋100＝325$

$x^2＝325－100＝225$

$x＞0$ より，$x＝\sqrt{225}＝15$

(4) $6^2＋x^2＝10^2$

$36＋x^2＝100$

$x^2＝100－36＝64$

$x＞0$ より，$x＝\sqrt{64}＝8$

❷ $5\sqrt{5}$ cm

解説

直角をはさむ 2 辺の長さが，10 cm，5 cm で，斜辺が長方形の対角線だから，

$(斜辺の長さ)^2＝10^2＋5^2$

$＝100＋25＝125$

斜辺の長さ＞ 0 より，

斜辺の長さ＝$\sqrt{125}＝5\sqrt{5}$ (cm)

❸ ㋐4　㋑13　㋒8

解説

① $3^2＋㋐^2＝5^2$

$㋐^2＝5^2－3^2$

$＝25－9＝16$

㋐＞0 より，㋐＝$\sqrt{16}＝4$

② $5^2＋12^2＝㋑^2$

$㋑^2＝5^2＋12^2$

$＝25＋144＝169$

㋑＞ 0 より，㋑＝$\sqrt{169}＝13$

③ $㋒^2＋15^2＝17^2$

$㋒^2＝17^2－15^2$

$＝289－225＝64$

㋒＞ 0 より，㋒＝$\sqrt{64}＝8$

47 $a^2＋b^2＝c^2$なら直角三角形

→ 本冊113ページ

❶ [ア] $a^2＋b^2$　[イ] 90

❷ ㋐・∠A，㋒・∠A，㋕・∠B

解説

❷㋐ $AB^2＝8^2＝64$，$BC^2＝17^2＝289$，

$CA^2＝15^2＝225$ であり，

$64＋225＝289$

24

したがって,
$$AB^2+CA^2=BC^2$$
よって, △ABC は∠A＝90°の直角三角形です。

⑦ $AB^2=12^2=144$, $BC^2=6^2=36$,
$CA^2=13^2=169$ であり,
$$144+36=180$$
したがって,
$$AB^2+BC^2>CA^2$$
よって, △ABC は直角三角形ではありません。

⑦ $AB^2=3^2=9$, $BC^2=6^2=36$,
$CA^2=(3\sqrt{3})^2=27$ であり,
$$9+27=36$$
したがって,
$$AB^2+CA^2=BC^2$$
よって, △ABC は∠A＝90°の直角三角形です。

㋐ $AB^2=(\sqrt{11})^2=11$, $BC^2=10^2=100$,
$CA^2=12^2=144$ であり,
$$11+100=111$$
したがって,
$$AB^2+BC^2<CA^2$$
よって, △ABC は直角三角形ではありません。

㋑ $AB^2=(4\sqrt{2})^2=32$, $BC^2=(4\sqrt{2})^2=32$,
$CA^2=8^2=64$ であり,
$$32+32=64$$
したがって,
$$AB^2+BC^2=CA^2$$
よって, △ABC は∠B＝90°の直角三角形です。

❸ $x=3$

解説

最も長い辺の長さは $(x+7)$ cm だから, 三平方の定理より,
$$(x+3)^2+(x+5)^2=(x+7)^2$$
$$x^2+6x+9+x^2+10x+25$$
$$=x^2+14x+49$$
$$x^2+2x-15=0$$
$$(x+5)(x-3)=0$$
$$x=-5,\ 3$$
$x+3>0$ だから, $x>-3$
よって, $x=3$

---

48 三角定規と三平方の定理

→ 本冊 115ページ

❶ (1) $x=4\sqrt{2}$ (2) $x=3\sqrt{2}$ (3) $x=2\sqrt{3}$ (4) $x=2\sqrt{3}$

解説

(1) 90°, 45°, 45°の直角三角形だから, 3辺の比は $1:1:\sqrt{2}$
よって, $BC:AB=1:\sqrt{2}$
$$4:AB=1:\sqrt{2}$$
$$AB=4\times\sqrt{2}=4\sqrt{2}\,(\text{cm})$$

(2) 90°, 45°, 45°の直角三角形だから, 3辺の比は $1:1:\sqrt{2}$
よって, $AC:BC=1:\sqrt{2}$
$$AC:6=1:\sqrt{2}$$
$$\sqrt{2}AC=6$$
$$AC=\frac{6}{\sqrt{2}}=\frac{6\times\sqrt{2}}{\sqrt{2}\times\sqrt{2}}=\frac{6\sqrt{2}}{2}$$
$$=3\sqrt{2}\,(\text{cm})$$

(3) 90°, 30°, 60°の直角三角形だから, 3辺の比は $1:2:\sqrt{3}$
よって, $BC:AC=1:\sqrt{3}$
$$2:AC=1:\sqrt{3}$$
$$AC=2\times\sqrt{3}=2\sqrt{3}\,(\text{cm})$$

(4) 90°, 30°, 60°の直角三角形だから, 3辺の比は $1:2:\sqrt{3}$
よって, $BC:AB=\sqrt{3}:2$
$$3:AB=\sqrt{3}:2$$
$$\sqrt{3}AB=3\times2=6$$
$$AB=\frac{6}{\sqrt{3}}=\frac{6\times\sqrt{3}}{\sqrt{3}\times\sqrt{3}}=\frac{6\sqrt{3}}{3}$$
$$=2\sqrt{3}\,(\text{cm})$$

❷ $36\sqrt{3}\,\text{cm}^2$

解説

右の正三角形 ABC で, H を辺 BC の中点とします。正三角形 ABC の底辺を BC としたときの高さは AH となります。

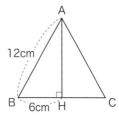

BH＝6 cm だから,
$$BH:AH=1:\sqrt{3}$$
$$6:AH=1:\sqrt{3}$$
$$AH=6\sqrt{3}\,\text{cm}$$

よって, 求める正三角形 ABC の面積は,

$$\frac{1}{2} \times 12 \times 6\sqrt{3} = 36\sqrt{3} \text{ (cm}^2)$$

❸ (1) $6\sqrt{3}$ cm　(2) $4\sqrt{13}$ cm

解説

(1) A より直線 BC に垂線をひき, 直線 BC との
交点を H とします。

$\angle ACH = 180° - 120° = 60°$

よって, △ACH は
90°, 30°, 60° の
直角三角形です。
したがって,

　AC : AH = 2 : $\sqrt{3}$

　12 : AH = 2 : $\sqrt{3}$

　2 AH = $12\sqrt{3}$

　AH = $6\sqrt{3}$ cm

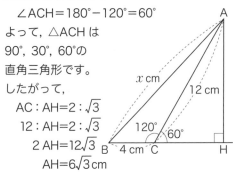

よって, △ABC で BC を底辺としたときの
高さは, $6\sqrt{3}$ cm

(2) CH : AC = 1 : 2

　CH : 12 = 1 : 2

　2 CH = 12

　CH = 6 cm

直角三角形 ABH で,

　AB = x cm, BH = 6 + 4 = 10 (cm),

　AH = $6\sqrt{3}$ cm

だから, 三平方の定理より,

　$10^2 + (6\sqrt{3})^2 = x^2$

　　　　$x^2 = 100 + 108 = 208$

$x > 0$ より, 　$x = \sqrt{208} = 4\sqrt{13}$

---

49 **2点間の距離はどうやって求める?**

➡ 本冊117ページ

❶ (1) $\sqrt{95}$ cm　(2) $2\sqrt{55}$ cm

解説

(1) △OAH は直角三角形だから,

　$OH^2 + 7^2 = 12^2$

　　$OH^2 = 12^2 - 7^2$

　　　　$= 144 - 49 = 95$

　$OH > 0$ より, OH = $\sqrt{95}$ cm

(2) △OAH は直角三角形だから,

　$AH^2 + 3^2 = 8^2$

　　$AH^2 = 8^2 - 3^2 = 64 - 9 = 55$

　$AH > 0$ より, AH = $\sqrt{55}$

△OAH ≡ △OBH だから,

AB = AH × 2 = $\sqrt{55}$ × 2 = $2\sqrt{55}$ (cm)

❷ (1) 13　(2) $\sqrt{85}$

解説

(1) (点 B の x 座標) − (点 A の x 座標)

　　= 15 − 3 = 12

　(点 B の y 座標) − (点 A の y 座標)

　　= 1 − 6 = −5

　よって,

　$AB^2 = 12^2 + (-5)^2 = 144 + 25 = 169$

　$AB > 0$ より, AB = $\sqrt{169} = 13$

　[注意] 座標の差が負になっても, 2 乗すれば
　正の数になるので, B の座標から, A の座標
　をひいても求められます。

(2) $CD^2 = \{3 - (-4)\}^2 + (-4 - 2)^2$

　　　　$= 7^2 + (-6)^2 = 49 + 36 = 85$

　$CD > 0$ より, CD = $\sqrt{85}$

❸ [ア] $14 - x$　[イ] $15^2 - (14 - x)^2$

　　[ウ] 5　[エ] 12　[オ] 84

解説

△ABH で, AB = 13 cm, BH = x cm だから,
三平方の定理より,

　$AH^2 + x^2 = 13^2$

よって, $AH^2 = 13^2 - x^2$　…①

また,

　CH = BC − BH = $14 - x$ (cm)

△ACH は直角三角形だから, 三平方の
定理より, $AH^2 + CH^2 = 15^2$

　$AH^2 + (14 - x)^2 = 15^2$

よって, 　　　$AH^2 = 15^2 - (14 - x)^2$　…②

①, ②で, AH^2 を消去して,

　　　$13^2 - x^2 = 15^2 - (14 - x)^2$

整理すると,

　$169 - x^2 = 225 - (196 - 28x + x^2)$

　　$28x = 140$

　　　$x = 5$

①より, $AH^2 = 13^2 - 5^2$

　　　　$= 169 - 25 = 144$

$AH > 0$ だから, AH = $\sqrt{144} = 12$ (cm)

50 直接測れない長さはどうやって求める？

→ 本冊119ページ

❶ (1) $5\sqrt{3}$ cm　(2) $5\sqrt{2}$ cm

解説

(1) 1辺の長さが a の立方体 ABCD−EFGH で,

$$EG^2=EF^2+FG^2$$
$$=a^2+a^2=2a^2 \quad \cdots ①$$
$$AG^2=AE^2+EG^2$$
$$=a^2+2a^2 \quad ←①を代入$$
$$=3a^2$$

よって, $AG=\sqrt{3}\,a$

本問では $a=5$ cm だから,

$$AG=\sqrt{3}\times5=5\sqrt{3} \text{ (cm)}$$

(2) 下の図の直方体 ABCD−EFGH で,

$$EG^2=b^2+c^2 \quad \cdots ①$$
$$AG^2=AE^2+EG^2$$
$$=a^2+b^2+c^2 \quad ←①を代入$$

よって, $AG=\sqrt{a^2+b^2+c^2}$

本問では $a=3$ cm, $b=4$ cm, $c=5$ cm だから,

$$AG=\sqrt{3^2+4^2+5^2}=\sqrt{50}=5\sqrt{2} \text{ (cm)}$$

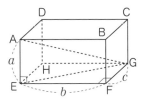

❷ (1) 高さ：$2\sqrt{7}$ cm, 体積：$\dfrac{32\sqrt{7}}{3}$ cm³

(2) 高さ：$2\sqrt{10}$ cm, 体積：$6\sqrt{10}\,\pi$ cm³

解説

(1) H は AC の中点だから,

$$△OAH≡△OCH$$

よって, $∠OHA=90°$

つまり, 線分 OH の長さが正四角錐 OABCD の高さとなります。

三平方の定理より,

$$OH^2+AH^2=OA^2$$
$$OH^2=OA^2-AH^2$$

ここで, 正方形の対角線の長さ AC は,

$$AC=\sqrt{4^2+4^2}=\sqrt{32}$$
$$=4\sqrt{2} \text{ (cm)}$$

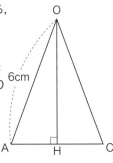

$$AH=AC\times\frac{1}{2}=4\sqrt{2}\times\frac{1}{2}=2\sqrt{2} \text{ (cm)}$$
$$OH^2=6^2-(2\sqrt{2})^2=36-8=28$$

$OH>0$ より, $OH=\sqrt{28}=2\sqrt{7}$ (cm)

したがって, 求める正四角錐の体積は,

$$\frac{1}{3}\times(4\times4)\times2\sqrt{7}=\frac{32\sqrt{7}}{3} \text{ (cm}^3)$$

(2) 底面の半径は 3 cm で, 母線の長さが 7 cm です。右の図において, △OAH は直角三角形で, 線分 OH の長さがこの円錐の高さとなります。

$$OH^2+3^2=7^2$$
$$OH^2=7^2-3^2$$
$$=49-9=40$$

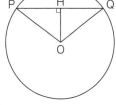

$OH>0$ だから,

$$OH=\sqrt{40}=2\sqrt{10} \text{ (cm)}$$

したがって, 求める円錐の体積は,

$$\frac{1}{3}\pi\times3^2\times2\sqrt{10}=6\sqrt{10}\,\pi \text{ (cm}^3)$$

❸ 64π cm²

解説

3 点 P, H, Q でこの立体を切断します。

△OPQ は二等辺三角形だから,

$$△OPH≡△OQH$$

よって,

$$∠OHP=∠OHQ=90°$$

直角三角形 OPH で, 三平方の定理より,

$$OH^2+PH^2=OP^2$$
$$6^2+PH^2=10^2$$
$$PH^2=10^2-6^2$$
$$=100-36=64$$

$PH>0$ より, $PH=\sqrt{64}=8$ (cm)

切り口は円であるから, 求める面積は,

$$\pi\times8^2=64\pi \text{ (cm}^2)$$

51 接線の長さや2点間の最短距離を求めよう

→ 本冊121ページ

① $\sqrt{13}$

解説

∠PTO＝90°だから，△PTO は直角三角形です。
よって，三平方の定理より，

$$PT^2+OT^2=PO^2$$
$$6^2+OT^2=7^2$$
$$OT^2=49-36=13$$

OT＞0 より，OT＝$\sqrt{13}$cm

② (1) 右の図

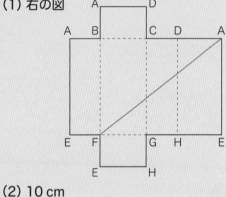

(2) 10 cm

解説

(1) 赤いひもの長さが最短になるのは，A と F を直線で結んだときです。

(2) △AEF は，∠AEF＝90°だから，三平方の定理が使えます。

$$EF=3+2+3=8 \text{ (cm)},$$

AE＝6 cm だから，

$$AE^2+EF^2=AF^2$$
$$6^2+8^2=AF^2$$
$$AF^2=36+64=100$$

AF＞0 より，AF＝$\sqrt{100}$＝10 (cm)

③ (1) 120° (2) 12$\sqrt{3}$cm

解説

(1) おうぎ形の半径を r，弧の長さを ℓ，中心角を $a°$ とするとき，

$$\ell=2\pi r\times\frac{a}{360}$$

で求められます。この式を a について解くと，

$$a=360\times\frac{\ell}{2\pi r}$$

つまり，中心角の大きさは，

$$360°\times\frac{弧の長さ}{円周の長さ}$$

で求められます。

ここで，側面の弧の長さは，底面の円周の長さに等しいから，求める中心角の大きさは，

$$360°\times\frac{2\pi\times4}{2\pi\times12}=120°$$

(2) 側面の展開図は右のようになります。
A′ (A) はひもの端になる点です。

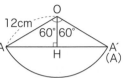

頂点 O から線分 AA′ にひいた垂線と AA′ との交点を H とすると，△OAA′ は OA＝OA′ の二等辺三角形だから，

$$△OAH≡△OA′H$$

よって，∠AOH＝60°
△OAH は 90°，30°，60°の三角形だから，3辺の比が 1：2：$\sqrt{3}$ です。
したがって，

$$OA：AH=2：\sqrt{3}$$
$$12：AH=2：\sqrt{3}$$
$$2AH=12\sqrt{3}$$
$$AH=6\sqrt{3}\text{cm}$$

AH＝A′H だから，ひもが最も短くなるときの長さは，

$$AH×2=6\sqrt{3}×2=12\sqrt{3}\text{ (cm)}$$

おさらい問題

→ 本冊122ページ

① (1) $\sqrt{89}$ (2) $3\sqrt{2}$ (3) 8

(4) $4\sqrt{5}$ (5) $\dfrac{3\sqrt{2}}{2}$

(6) $2\sqrt{3}$

解説

(1) $x^2=5^2+8^2=25+64=89$
$x>0$ より，$x=\sqrt{89}$

(2) 90°，45°，45°の直角三角形だから，3辺の比は，1：1：$\sqrt{2}$
よって，3：x＝1：$\sqrt{2}$
$x=3\sqrt{2}$

(3) 90°，30°，60°の直角三角形だから，3辺の比は，1：2：$\sqrt{3}$
よって，4：x＝1：2
$x=8$

(4) $x^2=12^2-8^2=144-64=80$
$x>0$ より，$x=\sqrt{80}=4\sqrt{5}$

(5) 90°, 45°, 45°の直角三角形だから, 3辺の
比は, $1 : 1 : \sqrt{2}$
よって, $x : 3 = 1 : \sqrt{2}$
$\sqrt{2}x = 3$
$$x = \frac{3}{\sqrt{2}} = \frac{3 \times \sqrt{2}}{\sqrt{2} \times \sqrt{2}} = \frac{3\sqrt{2}}{2}$$

(6) 90°, 30°, 60°の直角三角形だから, 3辺の
比は, $1 : 2 : \sqrt{3}$
よって, $4 : x = 2 : \sqrt{3}$
$2x = 4 \times \sqrt{3}$
$x = 2\sqrt{3}$

❷ (1) $4\sqrt{2}$ cm　(2) 6 cm

解説

(1) 求める正方形の対角線の長さは,
$\sqrt{2} \times 4 = 4\sqrt{2}$ (cm)
(2) たての長さを x cm とすると,
$x^2 + 8^2 = 10^2$
$x^2 = 10^2 - 8^2 = 100 - 64 = 36$
$x > 0$ より, $x = \sqrt{36} = 6$ (cm)

❸ ⑦・∠B, ⑦・∠A

解説

⑦ $5^2 = 25$, $12^2 = 144$, $13^2 = 169$,
$25 + 144 = 169$
だから, $AB^2 + BC^2 = CA^2$
よって, 辺 CA を斜辺とする直角三角形で,
∠B = 90°
⑦ $10^2 = 100$, $8^2 = 64$, $7^2 = 49$, $64 + 49 = 113$
$100 < 113$ より, △ABC は直角三角形ではあ
りません。
⑦ $6^2 = 36$, $(3\sqrt{13})^2 = 117$, $9^2 = 81$,
$36 + 81 = 117$
だから, $AB^2 + CA^2 = BC^2$
よって, 辺 BC を斜辺とする直角三角形で,
∠A = 90°
⑦ $2^2 = 4$, $6^2 = 36$, $7^2 = 49$, $4 + 36 = 40$
$49 > 40$ より, △ABC は直角三角形ではあり
ません。

❹ (1) 13　(2) $\sqrt{130}$

解説

(1) 点 A を通り x 軸に平行な直線と, 点 B を通
り y 軸に平行な直線との交点を H とします。
$AH = 10 - (-2) = 12$, $BH = 9 - 4 = 5$,
$AB^2 = 12^2 + 5^2 = 144 + 25 = 169$
$AB > 0$ より, $AB = \sqrt{169} = 13$

(2) 点Cを通り x 軸に平行な直線と, 点Dを通
り y 軸に平行な直線との交点をHとします。
$CH = 3 - (-4) = 7$, $DH = 2 - (-7) = 9$,
$CD^2 = 7^2 + 9^2 = 49 + 81 = 130$
$CD > 0$ より, $CD = \sqrt{130}$

❺ (1) $9\sqrt{3}$ cm² 　(2) 48 cm²

解説

(1) 頂点 A から辺 BC に垂線をひき, 辺 BC と
の交点を H とすると, △ABH は 90°, 30°,
60°の直角三角形です。
よって, 3辺の比は $1 : 2 : \sqrt{3}$ だから,
$6 : AH = 2 : \sqrt{3}$
$2AH = 6\sqrt{3}$
$AH = 3\sqrt{3}$
したがって, △ABC の面積は,
$$\frac{1}{2} \times 6 \times 3\sqrt{3} = 9\sqrt{3} \text{ (cm}^2\text{)}$$

(2) 二等辺三角形の
頂角の二等分線
は底辺を垂直に
二等分するから,
∠A の二等分線
と辺 BC との交
点を H とすると,
$BH = 6$ cm, ∠AHB = 90°
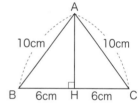
△ABH は直角三角形だから,
$AH^2 + BH^2 = AB^2$
$AH^2 + 6^2 = 10^2$
$AH^2 = 100 - 36 = 64$
$AH > 0$ より, $AH = \sqrt{64} = 8$ (cm)
したがって, △ABC の面積は,
$$\frac{1}{2} \times 12 \times 8 = 48 \text{ (cm}^2\text{)}$$

❻ (1) $8\sqrt{5}$　(2) 3

解説

(1) △OAB は二等辺三角形だから,
△OAH ≡ △OBH
よって, AH = BH, ∠AHO = 90°
△OAH で三平方の定理を用いると,
$OH^2 + AH^2 = OA^2$
$8^2 + AH^2 = 12^2$
$AH^2 = 144 - 64 = 80$
$AH >$ より, $AH = \sqrt{80} = 4\sqrt{5}$
したがって, $x = 4\sqrt{5} \times 2 = 8\sqrt{5}$

(2) 線分 OP と円との交点を Q とします。
　　半径だから, OQ=4 cm
　　よって, OP=4+1=5 (cm)
　　△OTP は∠OTP=90°の直角三角形だから,
　　三平方の定理より,
　　　　OT²＋PT²＝OP²
　　　　4²＋x²＝5²
　　　　　　x²＝25－16＝9
　　x＞0 より, x＝√9＝3

7 (1) 36√2 cm³　　(2) 12π cm³

解説

(1) 底面の正方形の対
　　角線の交点を H と
　　します。AC は正方
　　形の対角線だから,
　　AC=6√2 cm
　　また, 正方形の対角線はそれぞれの中点で交
　　わるから,

$$AH=\frac{6\sqrt{2}}{2}=3\sqrt{2} \text{ (cm)}$$

　　△OAH は∠OHA=90°の直角三角形だから,
　　三平方の定理より,
　　　　OH²＋AH²＝OA²
　　　OH²＋(3√2)²＝6²
　　　　　　　OH²＝36－18
　　　　　　　　　＝18
　　OH＞0 より, OH＝√18＝3√2 (cm)
　　しがって, 正四角錐 OABCD の体積は,

$$\frac{1}{3}×6×6×3\sqrt{2}=36\sqrt{2} \text{ (cm}^3\text{)}$$

(2) 頂点 O より底面に垂線をひき, 底面との交
　　点をHとします。
　　∠OHA=90°だから,
　　三平方の定理より,
　　　　OH²＋AH²＝OA²
　　　　OH²＋3²＝5²
　　　　　　OH²＝25－9＝16
　　OH＞0 より,
　　OH＝√16＝4 (cm)
　　したがって, 円錐の体積は,

$$\frac{1}{3}π×3²×4=12π \text{ (cm}^3\text{)}$$

8章 標本調査

52 標本調査って何だろう？

⇒ 本冊 125ページ

1 (1) 全数調査　　(2) 標本調査
　　(3) 標本調査　　(4) 標本調査
　　(5) 全数調査

解説

(2) ～ (4) 全部調べると製品がなくなってしま
うので, 標本調査。

2 (1) 県民
　　(2) 無作為に選ばれた 200 人
　　(3) 200

解説

(3) 標本の大きさとは, 標本となった人やものの
　　数のことです。本問の場合, 標本として選ばれ
　　た 200 が標本の大きさです。単位は不要です。

3 ⑦

解説

⑦ 中学生の保護者では年齢や価値観にかたより
　　があるため, 無作為抽出とはいえません。
⑦ 住んでいる場所によって住民の特徴にかたよ
　　りが生じる場合があるため, 学校周辺の住民
　　100 人では, 無作為抽出とはいえません。

53 標本から母集団を推定しよう

⇒ 本冊 127ページ

1 およそ 24.02 m

解説

120.10÷5＝24.02 (m)
ここでの母集団は, ある地区の中学 3 年生の男
子で, 標本の大きさは
　　10×5＝50
となっています。

2 およそ 1610 人

解説

A 市の中学 3 年生 3500 人が母集団です。

3500人にアンケートを実施するのは難しいので，無作為に抽出した100人（これが標本）にアンケートを実施しています。

標本では，1週間の運動日数が5日であった生徒の割合が$\dfrac{46}{100}$です。

母集団でも，同じ比率と考え，

$$3500 \times \dfrac{46}{100} = 1610 \text{（人）}$$

より，1週間に5日運動する生徒は，3500人のうち，およそ1610人と推定できます。

❸ およそ1350個

〔解説〕

母集団は箱の中の黒玉と150個の白玉です。

標本は無作為に抽出された200個の玉です。

標本での比は，

（玉の数）：（白玉の数）＝200：20

だから，母集団での割合も同じと考えて，はじめに箱に入っていた黒玉の個数をx個として，

$$(x+150):150 = 200:20$$
$$20(x+150) = 150 \times 200$$
$$x+150 = 1500$$
$$x = 1350$$

よって，はじめに箱に入っていた黒玉の個数は，およそ1350個と推定できます。